Gerhard Hertenberger

Aufbruch in den Weltraum

Gerhard Hertenberger

Aufbruch in den Weltraum

Geheime Raumfahrtprogramme,
dramatische Pannen
&
faszinierende Erlebnisse
russischer Kosmonauten

Mit einem Vorwort von Reinhold Ewald

Seifert Verlag

Den Kosmonauten, die in jenen Anfangsjahren als Erste in die fremdartige Weite des Weltraums vordrangen

Umwelthinweis:

Dieses Buch und der Schutzumschlag wurden auf chlorfrei gebleichtem Papier gedruckt. Die Einschrumpffolie – zum Schutz vor Verschmutzung – ist aus umweltverträglichem und recyclingfähigem PE-Material.

1. Auflage
Copyright © 2009 by Seifert Verlag GmbH, Wien

Umschlaggestaltung: Rubik Creative Supervision
Verlagslogo: Padhi Frieberger
Druck und Bindung: Theiss Druck, 9431 St. Stefan i. L.
ISBN: 978-3-902406-63-7
Printed in Austria

Inhalt

Danksagung   10

Vorwort von Reinhold Ewald   12

1 Einleitung   14
   April 1975: Kosmonauten im Altai-Gebirge . . .   15

2 Erste Flugversuche   23
   1910er Jahre: Die Vision einer Weltraumreise . .   23
   Das Raketenstartgelände Tyuratam   24
   Frühjahr 1960: Was plant die Sowjetunion? . . .   25
   Mai 1960: Das erste Raumschiff   27
   Oktober 1960: Die Katastrophe   29
   November 1960: Der Zehn-Zentimeter-Flug . .   31
   April 1961: Letzte Startvorbereitungen   34
   April 1961: Mensch im All   36
   Die Landung   40
   August 1961: Ein ganzer Tag im All   43
   Januar 1965: Das Flugkontrollzentrum verpasst
      den Start   47
   März 1965: Der erste Ausstieg ins freie All . . .   49
   Der Ausstieg   52
   Die Landung   56
   Einsam im Wald   58

3 Geheimprojekt Mond — 63

Januar 1966: Koroljow stirbt	63
Die Öffnung der Archive in den 1990er Jahren	65
Der Mond – Eine Welt voller Geheimnisse	65
Kometeneis und Spuren aus der Zeit, als das Leben entstand	67
Zusammenprallende Planeten und Berge, die sekundenschnell entstehen	68
1961: Mondflug-Gespräche in Wien	72
Sowjetische Mondflugkonzepte	72
November 1966: Kosmos 133 – Ein Raumschiff verschwindet spurlos	74
Dezember 1966: Techniker flüchten vor der explodierenden Rakete	76
Februar 1967: Kosmos 140 – Ein Sojus-Raumschiff versinkt im Aral-See	77
Von der Superbombe zur Mondexpedition: Die Proton-Rakete	78
März 1967: Kosmos 146 – Ein Raumschiff fliegt in die Tiefen des Weltraums	79
April 1967: Sojus 1 – Ein Kosmonaut stürzt zur Erde	80
Herbst 1967: Testflüge	83
März 1968: Zond 4 – Absturz in den Ozean	85
September 1968: Zond 5 – Zwei Schildkröten reisen zum Mond	86
November 1968: Absturz eines Mondraumschiffs	90
Januar 1969: Sojus 5 – Der lange Marsch durch die Schneewüste	92
Februar 1969: Donnernde Triebwerke in einer eisigen Winternacht	95

Februar 1969: Das Mondauto und das verlorene
   Polonium 97
März 1969: Kalte Wohnräume vor dem Start zum
   Mars 99
Sommer 1969: Geheimnisvolle Vorgänge am
   Kosmodrom 100
Juli 1969: Eine Explosion wie eine Atombombe
   und die Suche nach Mondstaub 103
Juli 1969: Die geheimnisvolle »Luna 15« 105

4 Zwischen Forschungslabor und Spionagebasis   107
Ein Atombomben-Raumgleiter mit Wurzeln in
   Hitler-Deutschland 107
Weltraumspione in Ost und West 109
Sowjetische Raumstationspläne 111
Frühjahr 1971: Saljut 1 – Das erste Forschungsla-
   bor im Weltraum 112
Forschung in Saljut 1 114
Juni 1971: Landung ohne Raumanzug 117
1971/72: Der Absturz der zweiten Raumstation . 119
Almaz – eine Raumstation mit Teleskop und Ka-
   none 120
Frühjahr 1973: Eine Raumstation ohne Luft und
   eine zweite ohne Treibstoff 122
Juni 1974: Saljut 3 – Eine Spionage-Raumstation
   geht in Betrieb 124
Saljut 4 – Ein Forschungslabor im All 127
Oktober 1976: Sojus 23 – Eine Raumkapsel treibt
   zwischen Eisschollen 128
Ende der 1970er Jahre: Ein »Radioaktiv«-Schild
   schützt versteckte Raumstationen 134

5 Mond, Mars und Venus — 137

Dezember 1970: Schwache Signale von der Venus-Oberfläche 137
Mai 1971: Ein winziges russisches Marsauto . . . 138
Pläne für eine sowjetische Mondbasis 139
1974: Ein neuer Chefkonstrukteur und ein neues Raketenprojekt 141
Oktober 1975: Das erste Foto einer außerirdischen Landschaft 144
Säurewolken und eine merkwürdige Planetendrehung 147
Dezember 1978: Geräusche aus einer anderen Welt 149
September 1977: Das erste internationale Weltraumlabor 151
August 1978: Der erste Deutsche im All 152
Im Raumlabor 155
Die Rückkehr zur Erde 157

6 Aufbruch in die 80er Jahre — 159

Ende der 70er Jahre: Merkwürdige Kapseln und Module 159
Die Raumstation Saljut 7 160
1982: Langzeitrekord und eine Frau im All . . . 163
März 1983: Ein geheimnisvolles Modul startet . 164
September 1983: Raketen im Kalten Krieg . . . 166
September 1983: Kosmonauten sitzen auf einer brennenden Rakete! 167
Juli 1984: Der geheimnisvolle »dritte Mann« . . 172
Das geheime Energia-Buran-Programm 173
1985: Ein großer Plan – und merkwürdige Radiomeldungen 176

Frühjahr 1985: Funkstille – und ein Plan für eine wagemutige Expedition 178
Eine tote, vereiste Raumstation – wie aus einem Science-Fiction-Film! 181
Die Raumstation zeigt erste Lebenszeichen . . . 183
Februar 1986: Die MIR-Station eröffnet ein neues Raumfahrtzeitalter 185
Die Wurzeln der Module von MIR und ISS . . . 187
Mai 1987: Polyus – Ein seltsames Relikt des Kalten Krieges 188
Die Wahrheit hinter »Polyus« 191
November 1988: Der Buran-Flug – eine technische Meisterleistung! 193
Umwälzungen nach dem Ende der Sowjetunion . 194

7 Ausblick   **197**
Sind bemannte Flüge sinnvoll? 197
Stimmt der Weg? 200
Was kostet die Raumfahrt? 202
Aufbruch zu neuen Zielen 205

Anhang   **209**
Register 209
Abkürzungsverzeichnis 218
Literatur und Quellen 219
Bildnachweis 224

Danksagung

Für die Bereitstellung von Fotos danke ich (in alphabetischer Reihenfolge) Herrn Sergej Abramow (Moskau), der mit seinen »Rusadventures«-Reisen die Möglichkeit bietet, das Kosmodrom Tyuratam aus der Nähe zu sehen; Herrn Dr. Joachim Becker, der mir Kosmonautenfotos seiner »Spacefacts«-Internetseite zur Verfügung stellte; Herrn Dr. Roland Speth (Ulm), der mir wertvolle Originale seines Fotoarchivs sandte; weiters dem Team des Weltraum-Dokumentationszentrums RGANTD (Moskau) für die Erlaubnis zum Abdruck einzelner Fotos; und schließlich Swetlana Gawrisch von der Weltraumagentur »Roscosmos« für wertvolle Tipps.

Dem deutschen Astronauten Dr. Reinhold Ewald danke ich herzlichst dafür, dass er als Leiter der Forschung im europäischen Weltraumlabor »Columbus« trotz hoher Arbeitsbelastung die Zeit fand, ein Vorwort für dieses Buch zu schreiben.

Meine Freunde Alexandra Rainer (Wyhlen, BRD) und Ingmar Arnold (Berlin) haben mir als »Testleser« wertvolle Tipps gegeben, Ingmar Arnold erstellte überdies das Register: Vielen Dank!

Dem »European Space Policy Institute« (ESPI) in Wien und seinem engagierten Direktor Dr. Kai-Uwe Schrogl danke ich ausdrücklich für die Möglichkeit, dieses Buch in stilvollem Rahmen der Öffentlichkeit zu präsentieren.

Mein besonderer Dank gebührt Frau Dr. Maria Seifert

und dem Seifert Verlag für die ausgezeichnete Zusammenarbeit und die überaus gute Betreuung bei der Entstehung dieses Buches!

Meiner Freundin Katharina Steininger gilt schließlich meine tiefe Wertschätzung und mein Dank dafür, dass sie mir wertvolle Tipps gab und mir in munteren und stressigen Tagen immer liebevoll zur Seite stand. Diese Danksagung wäre jedoch unvollständig ohne die Erwähnung meiner pelzigen, kleinen Katze »Schnauzelchen«, die mir beim Schreiben des Buches schnurrend Gesellschaft leistete.

Feedback

Der Autor freut sich über Reaktionen der Leserinnen und Leser. Feedback und Fragen können Sie an folgende E-Mail-Adresse richten: ghertenb@gmx.at

Vorwort von Reinhold Ewald

Gut 20 Jahre ist es nun her, dass im Westen nicht nur die Fortschritte der westlichen Raumfahrt, allen voran der großen Raumfahrtnation USA, Beachtung fanden, sondern auch die Erfolge und Entwicklungen der sowjetischen, später russischen Seite mit der Raumstation MIR. Wir westlichen und die japanischen Kosmonauten konnten uns damals im Sternenstädtchen nahe Moskau von der Leistungs- und Funktionsfähigkeit der Sojus- und MIR-Systeme überzeugen. Viele Äußerlichkeiten der verwendeten Geräte und Trainingsmethoden waren damals, im Jahre 1990, schon sehr ungewohnt für uns, aber ich habe letztlich keinen Moment gezögert, meine wissenschaftlichen Experimentaufgaben und mich selbst der »Semiorka«-Rakete, sowie den Mannschaftskollegen und den Teams am Boden in Baikonur und Moskau anzuvertrauen.

Die spätere Entwicklung hin zur Internationalen Raumstation gibt denjenigen in Russland Recht, die damals gegen alle wirtschaftlichen Trends die Raumfahrt und ihre technologische Herausforderung am Leben erhielten – trotz zerfallender Strukturen in Gesellschaft und Industrie, trotz wirtschaftlicher Krise im Großen, wie auch im ganz persönlichen Bereich jedes Raumfahrtingenieurs. Dies wurde von niemand besser ausgedrückt als von den Operateuren des Kontrollzentrums in Korolev bei Moskau, die auf einem Plakat reimten: »Unsere Aufgabe ist kosmisch, unser Gehalt komisch!«

Ohne die Erfahrungen der frühen Raumstationen wäre der Betrieb der ISS nicht in Gang gekommen, ohne Sojuskapseln als verlässliches Transportmittel wären keine Langzeitbesatzungen möglich. Dass in jener Zeit, als die ISS geplant wurde, Sojus als entscheidende Ergänzung zum Space Shuttle zur Verfügung stand, ist ein Glücksfall. In gleicher internationaler Weise wagen wir es heute, an Flüge über den Erdorbit hinaus zu denken, Missionen, die auf der Historie der frühen Raumstationen und der späteren internationalen Zusammenarbeit fußen.

Dr. Reinhold Ewald
Kosmonaut der Mission MIR'97
Leiter ESA ISS Columbus Missionsbetrieb

Abbildung 1: Reinhold Ewald in der Raumstation MIR (Februar 1997)

1 Einleitung

2009, im Jahr der Astronomie, wird eine sechsköpfige Besatzung aus Amerika, Russland, Europa, Japan und Kanada den Vollbetrieb der Internationalen Raumstation ISS einleiten. Warum gibt es zu diesem Anlass ein Buch über frühe russische Raumflüge? Ist nicht längst alles gesagt worden? Keineswegs! Jahrzehntelang war es sehr schwer, die Oberfläche der offiziellen Verlautbarungen zu durchdringen und die verborgenen, faszinierenden Geschichten der russischen Weltraumexpeditionen freizulegen, die vielfach strengster Geheimhaltung unterworfen waren. Im deutschen Sprachraum gibt es bisher nur wenige Bücher, die tiefer in diese Welt voll Spannung und Dramatik eintauchen. Neu ist, dass westliche Raumfahrt-Historiker in den vergangenen Jahren in russischen Archiven gestöbert und mit Ingenieuren und Kosmonauten lange Gespräche geführt haben. Ihre detailreichen Ergebnisse wurden in zahlreichen englischsprachigen und technisch ausgerichteten Fachbüchern publiziert. Mit dem vorliegenden Buch ist es nun auch deutschsprachigen Lesern möglich, den russischen »Aufbruch in den Weltraum« authentisch mitzuerleben und gleichsam an Bord der Raumschiffe mitzufliegen.

Die Namen der russischen Kosmonauten sind im Westen kaum bekannt, obwohl viele von ihnen mit ihrem Mut und ihren Fähigkeiten die Geschichte der Raumfahrt geprägt haben. Oft gab es haarsträubende Situationen, etwa die Flucht einer Kosmonautenbesatzung von der Spitze einer explodierenden Rakete, oder die Reparatur einer stockfinsteren, vereisten Raumstation. Da gab es Notlandungen am Rand einer Schlucht und in einem eisbedeckten Steppensee, aber auch erste Langzeitflüge in kosmischen Forschungslabors. Neben diesem offiziellen Raumfahrtprogramm existierten umfangreiche »unsichtbare«, geheime Raumfahrtaktivitäten, etwa in den Spionage-Raumstationen vom Typ »Almaz« oder bei der Entwicklung eines eigenen russischen Space Shuttle Programms. Vor allem aber richtete sich das Interesse der Russen immer wieder auf die fremdartigen Welteninseln draußen im All, auf den Mond, die Venus und den Mars.

Heute fliegen Sojus-Raumschiffe zuverlässig und pünktlich, wie nach einem Eisenbahnfahrplan, zur großen Internationalen Raumstation ISS. Diese Perfektion ist das Ergebnis jahrzehntelanger Erfahrung. Im vorliegenden Buch möchte ich den Leser zu den mühsamen, steinigen Anfängen der ersten drei Jahrzehnte mitnehmen, als man bei der Reise durch den Weltraum noch ständig mit dem Unvorhersehbaren rechnen musste.

April 1975: Kosmonauten im Altai-Gebirge

Ein sonniger, blauer Himmel dehnt sich über der weiten kasachischen Steppe, die 25 Grad warme Luft lässt bereits den Frühling spüren. Wir befinden uns am ausgedehnten Startgelände von Tyuratam, einem streng geheimen Sperrgebiet, von wo seit Juri Gagarin alle russischen Raumflüge gestartet sind. An einer Startrampe steht eine vollgetankte Sojus-Rakete. Sie ist mit Leben erfüllt, weiße Dampfschwaden strömen heraus, und man hört das dumpfe Arbeiten der Systeme in ihrem Inneren. In einer Kapsel in der Raketenspitze warten die russischen Kosmonauten Wassili Lasarew und Oleg Makarow auf den Start. Makarow hat wenige Jahre zuvor gemeinsam mit dem Kosmonauten Leonow für einen Flug um den Mond und für eine Mondlandung trainiert. Doch das Projekt ist unter dramatischen Umständen gescheitert.

Nun ist ein rund zweimonatiger Aufenthalt in einem Weltraumlabor geplant, in der Raumstation Saljut 4, die seit Dezember 1974 um die Erde kreist. In der Station gibt es unter anderem ein Sonnenteleskop, mit dem man die ungeheuren Eruptionen auf der Sonnenoberfläche beobachten kann, bei denen gewaltige Gasmassen weit hinaus

Abbildung 2: Wassili Lazarew und Oleg Makarow mussten 1975 im Altai-Gebirge notlanden. (Foto vom Sept. 1973)

ins All geschleudert werden. Außerdem sollen die Kosmonauten mit einem Röntgenteleskop die Vorgänge in fernen Bereichen im Weltraum, nahe bei Schwarzen Löchern und rasend schnell rotierenden Neutronensternen, untersuchen.

Am frühen Nachmittag erreicht der Countdown den Höhepunkt, riesige Feuerstrahlen donnern zischend aus den Triebwerken, und die Rakete mit den beiden Kosmonauten steigt langsam und dann immer schneller in den blauen Frühlingshimmel hinauf. Etwa zwei Minuten später, in rund 50 Kilometer Höhe, werden die vier seitlich befestigten Zusatzraketen planmäßig abgeworfen. Nur mehr die zentrale »zweite« Raketenstufe brennt jetzt und schiebt das Raumschiff mit rasender Geschwindigkeit hinauf in die dünne Hochatmosphäre, dem Weltraum entgegen.

Knapp fünf Minuten nach dem Start, mehr als 150 Kilometer über der Erde, sollte diese zweite Raketenstufe abgetrennt und abgeworfen werden, damit das Triebwerk der dritten Stufe die Kosmonauten auf ungeheure 28.000 Kilometer pro Stunde beschleunigen kann. In genau diesem Moment spüren die zwei Männer in der Rakete heftige Stöße, und die Sonne verschwindet aus dem Blickfeld des Fensters. Eine sehr laute Sirene ertönt, und am Instrumentenbrett leuchtet die rote Warnlampe auf, die »Raketendefekt« bedeutet. Das dröhnende Geräusch des Triebwerks verstummt, und die Kosmonauten hängen schwerelos in ihren Gurten. Offensichtlich arbeitet die dritte Raketenstufe nicht, sodass das Raumschiff einer Parabelbahn folgt, wie ein in die Luft geworfener Ball, der wieder zur Erde zurückstürzt. [32]

Lasarew und Makarow haben keine Ahnung, was los ist. Heute wissen wir, was damals passierte: Die zweite Raketenstufe konnte nicht komplett abgetrennt werden und baumelte am unteren Ende der Rakete, wurde sozusagen als Ballast mitgeschleppt. Die dritte Stufe zündete zwar donnernd ihr Triebwerk, der Computer schaltete es jedoch wegen des Defekts sofort wieder ab und aktivierte ein Notfallprogramm. Begleiten wir die beiden Russen weiter auf ihrem Flug.

Lasarew schaltet die nervtötend laute Sirene ab. Später wird er erzählen, dass er sich bemühte, ruhig und konzentriert zu reagieren. Doch er fragt sich, was denn eigentlich passiert sei, und was nun als nächstes geschehen wird. Das jahrelange Training hilft ihm zwar, aber er verspürt ein Gefühl von Unsicherheit.

Plötzlich gibt es einen Knall und eine heftige Erschütterung: Der Computer hat mittels kleiner Sprengladungen die Raumschiffkapsel mit den beiden Männern samt Raketenspitze von der restlichen Rakete abgetrennt. Die beiden Russen wissen nun, dass sie irgendwo notlanden müssen. Derzeit fliegt die Kapsel in einer gekrümmten Bahn etwa 150 Kilometer über dem asiatischen Kontinent durch den Weltraum. Sie ist zu langsam, um die Erde zu umkreisen, und nähert sich deshalb wieder der Atmosphäre.

Lasarew erzählt später über jene Momente, als die Raumkapsel von den dichteren Luftschichten heftig abgebremst wird: »Wir begannen einen schleichenden und unangenehmen Bremsdruck der Schwerkraft zu spüren. Er verstärkte sich bald massiv, und seine Stärke war weitaus heftiger, als ich erwartet hatte.

Eine unsichtbare Kraft drückte mich in meinen Sitz und ließ meine Augenlider schwer wie Blei erscheinen. Atmen wurde immer schwieriger. Der Bremsdruck lastete so schwer auf uns, dass wir nicht mehr miteinander sprechen konnten. Wir leisteten der Belastung Widerstand, so gut wir konnten.« [32]

Bei einem planmäßigen, flachen Eintritt in die Erdatmosphäre treten Bremskräfte bis zu »g« auf (4-fache Erdbeschleunigung). Ein 80 Kilogramm schwerer Kosmonaut fühlt sich dabei einige Minuten lang so, als ob sein Körper 320 Kilogramm Gewicht hätte.

Der diesmal stattfindende steile, »ballistische« Atmosphäreneintritt führt jedoch zu einer extrem heftigen Abbremsung mit 14 bis 15 g. Kurzzeitig empfinden die Kosmonauten also ihr 14 bis 15-faches Gewicht! Sie sehen zeitweise nur mehr schwarz-weiß und bekommen einen »Tunnelblick«, ein verengtes Blickfeld.

Endlich lässt die Bremswirkung nach, und Kosmonaut Lasarew sendet einen Funkspruch an die Bodenkontrolle: Er wolle wissen, in welchem Teil Asiens sie notlanden würden. Doch aus dem Funkgerät kommt keine Antwort, nur Knacken und Rauschen. Die Situation ist heikel: Die ursprünglich geplante Flugbahn führt auch über chinesisches Gebiet. Bei einer Notlandung in China droht wegen der politischen Spannungen eventuell eine Verhaftung der Kosmonauten, und eine Beschlagnahmung der sowjetischen Kapsel.

Plötzlich gibt es einen heftigen Ruck, der Fallschirm wird ausgeworfen, und die Raumkapsel mit den beiden Männern sinkt, an den Leinen pendelnd, der Erdoberfläche entgegen. Und dann ist die Erde da, die Kapsel schlägt irgendwo auf und beginnt, einen Hang hinunter zu rollen. Für die im Sitz angeschnallten Kosmonauten ist das höchst unangenehm, wie man sich vorstellen kann.

Heute wissen wir, dass die Raumkapsel auf einem hochgelegenen, schneebedeckten Berghang aufschlug und dann im Tiefschnee hinab rutschte und rollte. Der Steilhang mündete in einen tiefen Abgrund, und nur weil sich die Leinen des Fallschirms schließlich im Gestrüpp verhedderten, blieb die Kapsel hängen und stürzte nicht in die Schlucht.

Die Kapsel liegt nun endlich still. Der beim glühenden Abstieg entstandene Ruß am Bullauge ist beim Rutschen im Schnee verschmiert worden. Lasarew und Makarow schauen durch das Fenster und sehen einen Baumstamm. Sie fühlen sich benommen vom Aufprall und vom Rollen der Kapsel.

Statt einer 60-tägigen Forschungsexpedition im Weltraum sind sie nur 22 Minuten unterwegs gewesen und befinden sich nun irgendwo in Asien. Japan kann es nicht sein, da es dort um diese Uhrzeit schon dunkel sein muss, überlegen die beiden Russen. Die Bodenkontrolle hat inzwischen die ungefähre Landeregion berechnet, doch gelingt kein Funkkontakt mit den Kosmonauten.

Die Männer lösen ihre Anschnallgurte und schrauben die Ausstiegsluke auf. Ein eisiger Windstoß strömt herein. Am Startgelände in der kasachischen Steppe, war die Frühlingsluft angenehme 25 Grad warm, hier jedoch hat es minus sieben Grad Celsius und der Himmel ist von Wolken verhängt. Eineinhalb Meter tiefer, weicher Pulverschnee überzieht den Berghang und macht normales Gehen unmöglich. Lasarew klettert aus der Kapsel und versinkt bis zur Brust in einer Schneewächte. Der Kosmonaut ist in Sibirien geboren, er kennt das Leben und Überleben in eisigen, schneereichen Wintern.

Langsam wird es dunkel, und die Männer beschließen, bei der Kapsel auf die Bergungsteams zu warten, da im Schnee kein Vorankommen möglich ist. Einen der beiden

Fallschirmstränge montieren sie ab, damit der heftige Wind den Fallschirm samt Raumschiff nicht zur Schlucht ziehen kann. Den anderen, im Gestrüpp verwickelten Strang lassen sie an der Kapsel befestigt, damit diese nicht zu rutschen beginnt und in die Schlucht stürzt.

Nach der Landung waren beide Männer erhitzt, doch nun kriecht die Kälte in die Glieder. Sie ziehen warme Überlebensanzüge an, die in jeder Raumkapsel mitgeführt werden. Endlich kommt eine Funkverbindung zu einem Bergungsflugzeug zustande, das bereits die Gegend absucht. Die Männer erfahren, dass sie definitiv nicht in China sind, sondern vermutlich im Altai-Gebirge in Sibirien, irgendwo südwestlich der Stadt Gorno-Altaisk, rund 1600 Kilometer vom Startgelände entfernt.

Eine halbe Stunde später ist das Bergungsflugzeug am Himmel sichtbar! Die Piloten sichten die Kapsel und wollen per Fallschirm einige Helfer abspringen lassen. Lasarew funkt jedoch hinauf, dass eine Fallschirmlandung am Abhang neben der Schlucht extrem gefährlich wäre. Er schlägt vor, dass am nächsten Morgen eine Bergung vom Boden aus durchgeführt wird.

Die Kosmonauten verbringen die Nacht in der engen Kapsel. Am nächsten Morgen nähert sich ein Hubschrauber und versucht, eine Strickleiter hinabzulassen. Doch der böige Wind macht ein stabiles Schweben des Helikopters unmöglich. Immerhin gelingt danach eine Landung unten in der Schlucht am Flussufer. Ein Bergungsteam versucht, zu den gestrandeten Kosmonauten aufzusteigen, die Retter haben allerdings keine Alpin-Erfahrung, und so gerät das Team schon bald in eine kleine Lawine, die sie selbst ausgelöst haben.

Ein zweites Team muss aufsteigen und den Rettern aus

den Schneemassen helfen. Verletzt wird glücklicherweise niemand.

Schließlich gelingt es einem anderen Hubschrauber, einen Helfer an einem langen Seil neben den Kosmonauten abzusetzen. Bald darauf werden alle drei, der Helfer und die Kosmonauten, am Seil in den Hubschrauber hinaufgezogen.

Zwei Tage später, am 7. April 1975, teilt die UdSSR in einer kurzen Meldung mit, dass es einen Fehlstart gegeben habe. Die dramatischen Details der Notlandung werden jedoch erst Jahrzehnte später öffentlich bekannt.

Der Fehlstart verzögerte das russische Raumfahrtprogramm übrigens kaum. Die Ursache der defekten Abtrennung der Raketenstufe wurde rasch erkannt und bei den in Bau befindlichen Raketen beseitigt. Und schon am 24. Mai, keine zwei Monate später, startete eine neue Rakete ins All. Diesmal verlief alles bestens, und die Kosmonautencrew arbeitete zwei erfolgreiche Monate lang im Weltraumlabor Saljut 4.

Schauen wir nun aber zurück zu den Anfängen, als der Traum einer Weltraumreise erstmals Wirklichkeit wurde …

2 Erste Flugversuche

1910er Jahre: Die Vision einer Weltraumreise

Es klingt erstaunlich: Ganz deutlich zeigt eine russische Publikation aus dem Jahr 1911 die Skizze einer Rakete, mit der Liege für einen Kosmonauten an der Spitze. Der Text schildert weiche Landungen auf Himmelskörpern ohne Atmosphäre, sowie die Möglichkeit, im Weltraum Stationen zu errichten. Verfasst wurde der visionäre Text von einem ukrainischen Lehrer, 1857 geboren und seit 1884 Mitglied der Physikalischen und Chemischen Gesellschaft von St. Petersburg. Sein Name: Konstantin Ziolkowsky. 1924 beschrieb er das Konzept einer mehrstufigen Rakete zum Start eines Erdsatelliten, sowie ein Raumschiff mit einer Schleuse, durch die man mit einem Raumanzug bekleidet ins freie All aussteigen kann.

Kaum zwei Jahrzehnte lagen damals die allerersten Flugversuche zurück, etwa der 40 Meter weite 12-Sekunden-Flug der Gebrüder Wright in Kitty Hawk im Jahr 1903. Nachtflüge waren damals, in den 20er Jahren, noch ein Problem, einzelne Flugrouten wurden versuchsweise mit Linien von Scheinwerfern ausgestattet, um in der Finsternis den Weg zu finden. Und nun kam ein Lehrer daher und konzipierte technische Systeme für einen Weltraumflug! In einem Brief schrieb Ziolkowsky einst: »Die Menschheit wird nicht ewig auf der Erde verbleiben, sondern wir werden im Streben nach Licht und Raum, anfangs noch ängstlich, die

Grenzen der Atmosphäre überschreiten und dann in das Gebiet rund um die Sonne vordringen!«

Das Raketenstartgelände Tyuratam

Jahrzehnte vergingen, bis im Frühling 1960 in den weiten Steppen Kasachstans die Vision von Ziolkowsky Wirklichkeit wurde: Zum ersten Mal in der Geschichte wartete ein Raumschiff auf den Start ins All – vorerst für eine unbemannte Mission.

In dem weit östlich vom Aral-See gelegenen Areal hatten im Jahr 1955 erste Bauarbeiten für ein ausgedehntes Raketenstartgelände begonnen. Das Klima war äußerst rau: Im Winter 1955/56 wurde es so kalt, dass die Arbeiter auch im Bett vollständig angekleidet blieben. Bei bis zu minus 40 Grad scheiterte überdies das Betonieren, da der Beton sofort nach dem Ausgießen gefror und steinhart wurde, noch bevor er sich in der Gussform verteilt hatte.

Im darauffolgenden Sommer mussten wiederum ständig Feuerwehrleute bereit stehen, da in der brütenden Hitze immer wieder Holzgebäude abbrannten. Um nachts Abkühlung zu finden, gossen die Arbeiter Wasser auf den Boden und wickelten sich in feuchte Tücher ein. Leider witterten Skorpione und Taranteln das Wasser und kamen in Schwärmen in die Häuser. [32] Um das gewaltige, streng geheime Bauprojekt zu verschleiern, erhielt die Arbeitersiedlung die kryptische Postadresse »Taschkent 50, Nummer 10«. In Wirklichkeit ist Taschkent die 800 Kilometer entfernte Hauptstadt Usbekistans. Inoffiziell erhielt das Startgelände den Namen der nahe gelegenen winzigen Bahnstation »Tyuratam«, spätere Pressemeldungen sprachen auch vom »Kosmodrom Baikonur«, obwohl die gleichnamige Bergbaustadt mehrere hundert Kilometer weiter nordöstlich lag.

Am 4. Oktober 1957 gelang von diesem Kosmodrom der Start des ersten künstlichen Erdsatelliten »Sputnik«. Zwei Monate später versuchten die Amerikaner mit einer winzigen Satellitenkugel gleichzuziehen. Ihre Vanguard-Rakete stieg allerdings, live im Fernsehen übertragen, nur 120 Zentimeter hoch, fiel dann zurück auf die Plattform und explodierte, während der Satellit samt Raketenspitze abbrach und durchs Gras kollernd seine »Piep«-Signale an die Bodenstation sendete. US-Zeitungen schrieben damals hämisch von einem »Kaputtnik« und »Flopnik«.

Nun, zweieinhalb Jahre später, wartete am Kosmodrom Tyuratam ein Raumschiff des Typs »Wostok« auf den Start.

Frühjahr 1960: Was plant die Sowjetunion?

In Amerika war man vom ersten Weltraumstart einer Mercury-Kapsel noch viele Monate entfernt. Im Januar 1960 hatte eine unbemannte Kapsel eine Höhe von 15 Kilometer erreicht, um die Fallschirme zu testen. Der erste (unbemannte) Flug ins All war erst für Juli geplant (und sollte in einer Raketenexplosion enden).

Der US-Geheimdienst CIA erfuhr jedoch im Frühjahr 1960, dass eine neue Version der R-7-Rakete getestet worden sei, die mit einem bevorstehenden bemannten Flug zusammenhängen könnte. Eine Horchstation des US-Militärs in der Osttürkei ortete verstärkten verschlüsselten Funkverkehr auf den Frequenzen des Kosmodroms, auch dies deutete auf einen bevorstehenden Start hin.

Es gelang allerdings nicht, mit den ersten amerikanischen Spionagesatelliten der Corona-Serie (»Keyhole-1«) Fotos des russischen Kosmodroms aufzunehmen, da sie monatelang (bis August 1960) keine brauchbaren Fotos lieferten. Obwohl sie als »technische Testsatelliten« namens »Discoverer« getarnt wurden, durchschauten die Russen bald, dass es sich um Spionagesatelliten handelte. Die westliche Welt wurde vom US-Militär jedoch erfolgreich getäuscht. Noch im Jahr 1963 konnte man lesen [4], dass die Discoverer-Kapseln »biologische Proben, Kulturen menschlichen Gewebes, Schimmelsporen und Algen« enthalten.

Um die Vorgänge am Kosmodrom aufzuklären, beschloss die CIA, einen Piloten mit einem Spionageflugzeug »U-2« in mehr als 20 Kilometer Höhe quer über die Sowjetunion zu schicken. Den Erstflug absolvierte dieser legendäre Flugzeugtyp im Jahr 1955 auf der geheimnisvollen »Area 51« in Nevada. Im Auftrag der CIA erfolgten seither zahlreiche illegale Überflüge fremder Staaten, um ausgewählte Ziele zu fotografieren.

Am 1. Mai 1960 startete das U-2-Flugzeug von der US Air Force Basis Peschawar im nördlichen Pakistan. Der Pilot Gary Powers sollte auf seiner weiten Flugroute unter anderem das Kosmodrom Tyuratam überfliegen und nach Möglichkeit die dort stehende Rakete fotografieren. Powers stieg auf fast 30 Kilometer Höhe, um nicht von sowjetischen Luftabwehrraketen getroffen zu werden. Nach dem Überflug des Kosmodroms wandte er sich nach Norden Richtung Swerdlowsk, wo diverse geheime Anlagen vermutet wurden.

Die Landung war auf der norwegischen NATO-Basis Bodø geplant, die nördlich vom Polarkreis liegt. Doch plötzlich gab es am hinteren Ende des Flugzeugs eine Explosion.

Das hochfliegende Flugzeug war von einer Luftabwehrrakete getroffen worden und stürzte ab.

Powers betätigte den Schleudersitz und landete am Fallschirm in den Wäldern des Ural-Gebirges, es gelang ihm jedoch nicht, vorher den Selbstzerstörungsmechanismus der U-2 zu aktivieren. Als die CIA vom »Verschwinden« der U-2 erfuhr, gab die US-Regierung bekannt, dass ein »amerikanisches Wetterflugzeug« wegen eines »Problems mit der Sauerstoffversorgung« abgestürzt sei.

Powers wurde vom Geheimdienst KGB festgenommen und als Spion verurteilt. Im Februar 1962 wurde er auf der zwischen Ost- und Westberlin verlaufenden Glienicker Brücke den Amerikanern übergeben, im Austausch gegen einen KGB-Spion.

Mai 1960: Das erste Raumschiff

Tatsächlich startete am 15. Mai 1960 eine R-7-Rakete mit dem Prototyp eines »Wostok«-Raumschiffs. Im Westen wusste man nicht so recht, worum es sich bei dem Objekt handelte, offiziell wurde es kryptisch als »Sputnik 4« bezeichnet. Für westliche Beobachter waren die »Sputnik«-Bezeichnungen eher verwirrend: Sputnik 5, 6, 9 und 10 waren weitere Testraumschiffe, Sputnik 7 und 8 hingegen Venus-Sonden, wie wir heute wissen.

Intern nannte man das Raumschiff übrigens *Korabl-Sputnik-1* (russ. »Raumschiff-Satellit 1«). Immerhin berichtete die Prawda am folgenden Tag, dass eine unter Luftdruck stehende, 2,5 Tonnen schwere Kabine ins All gebracht worden sei. Die Kapsel kreiste bis September 1962 um die Erde und verglühte dann beim Eintritt in die Erdatmosphäre. Ein zehn Kilogramm schwerer, glühend heißer kugelförmiger Treibstofftank krachte allerdings in Manitowoc (Wisconsin, USA) auf eine Straße und hinterließ einen kleinen Krater. Das Objekt wurde später an die UdSSR zurückgegeben, eine Kopie ist heute im Museum des Ortes ausgestellt.

Mitte 1960 übersiedelten die jungen Raumflugkandidaten in das neu errichtete Kosmonauten-Trainingszentrum bei Moskau, das heute »Sternenstädtchen« genannt wird. Bevor der erste von ihnen ins All fliegen durfte, starteten mehrere Raumkapseln mit kleinen »Hunde-Kosmonauten«, die zuvor ein entsprechendes Training für ihren Flug bekamen. Manchmal hatten die Ingenieure Schwierigkeiten, die lebhaften kleinen Kläffer in die Raumkapseln zu setzen [35]. Der für das Wostok-Testraumschiff »Sputnik 9« vorgesehene Hund, der abgerichtet worden war, mit seiner Schnauze Knöpfe zu drücken, um Fressen und Wasser zu bekommen, wollte beispielsweise nicht in die Rakete einsteigen und entwischte den Technikern kurz vor dem Abflug. Die verzweifelten Männer fingen daraufhin irgendeine streunende Hündin namens Tschernuschka ein, die schon seit Wochen auf dem Gelände herumlief, und setzen sie in die Rakete. Überraschenderweise war sie viel robuster als die anderen, lange trainierten Hunde. Während diese in der Schwerelosigkeit manchmal konfus und verwirrt wirkten und in einem Fall sogar die Raumschiffkabine ankotzten, war Tschernuschka auch nach dem Flug putzmunter und prächtig gelaunt. Allerdings entwischte die Streunerin den Technikern nach der Landung gleich wieder und musste mühsam eingefangen werden, um Puls und Blutdruck zu messen, da es ja um die medizinische Wirkung der Schwerelosigkeit ging.

Ob Flüge mit Hunden ethisch vertretbar sind oder als Tierquälerei angesehen werden müssen, darüber gehen die Meinungen auseinander. Aus Sicht der Russen waren die robusten und gut trainierbaren kleinen Hunde jedenfalls viel bessere Testpiloten als die in Amerika eingesetzten Affen, die »viel zu ungeduldig und undiszipliniert« seien. Noch viele Jahre später sah man in den Straßen von Moskau so manchen Weltraumtechniker in Begleitung eines kleinen Hundes, von dem sich die Leute zuraunten, dass dieser »schon einmal im Weltraum gewesen« sei.

Oktober 1960: Die Katastrophe

Die R-7-Rakete, mit der die ersten Reisen ins All beginnen sollten, war einstweilen noch höchst unberechenbar, was die Kosmonauten zweifellos beunruhigte. Am 10. und am 14. Oktober 1960 sollten speziell modifizierte Raketen dieses Typs erstmals in der Raumfahrtgeschichte unbemannte Sonden zum Planeten Mars schicken. Beim ersten Start setzen heftige Vibrationen das Orientierungssystem außer Gefecht, weswegen die Rakete samt Marssonde nur 120 Kilometer Höhe erreichte und dann in Ostsibirien abstürzte. Die zweite Rakete scheiterte ebenfalls, da ihre dritte Raketenstufe nicht zündete. Wie sich später zeigte, war aufgrund der eisigen Temperaturen am Startgelände das Kerosin eingefroren.

Die ganz große Katastrophe passierte jedoch einige Tage später, am 24. Oktober. Da die für Satellitenstarts bestens geeignete R-7-Rakete des Konstrukteurs Sergej Koroljow für den Start von Atombomben ungeeignet war, hatten Techniker des Konstruktionsbüros von Michail Yangel eine neue Interkontinentalrakete »R-16« entworfen, die jederzeit flugbereit war und aus im Boden versenkten Silos gestartet werden konnte. Die Tests für das geheime Projekt »R-16« liefen in Tyuratam parallel zu den Vorbereitungen für einen bemannten Raumflug.

Wenige Stunden vor dem ersten Start der Interkontinentalrakete herrscht am Kosmodrom Hochspannung. Die große Rakete ist bereits betankt und startbereit. In den Bunkern und Gebäuden der Umgebung haben sich nicht nur die Techniker, sondern auch höchste Militärs der Sowjetunion versammelt, darunter Marschall Mitrofan Nedelin, der Leiter des Atomraketenprogramms. Plötzlich sickert aus einem Treibstoffleck in einem Raketenbauteil dampfende, ätzende Salpetersäure. Man steht unter großem Zeitdruck, denn der in Moskau weilende Staats- und Parteichef Nikita Chruschtschow will endlich Erfolge im Aufbau des Atomraketenarsenals sehen. Nedelin schickt Dutzende Techniker zur Startrampe, um das Leck zu schließen und die Startvorbereitungen fortzusetzen. Ein gewagter Entschluss, denn eigentlich müssten die Treibstofftanks per Fernsteuerung leer gepumpt und mit nichtbrennbaren Substanzen gespült werden, bevor sich nach einer Frist von 24 Stunden ein Team in feuerfesten Anzügen der Rakete nähern kann.

Nedelin gibt jedoch den Befehl, die Startbereitschaft nicht (!) aufzuheben, damit man nach der Beseitigung des Lecks möglichst rasch starten könne. In der allgemeinen Hektik sendet jemand ein falsches Steuerungssignal an die zweite Raketenstufe, die auf der ersten Stufe aufsitzt. Sie erhält den Befehl, den Countdown weiter auszuführen und anschließend zu starten. Dutzende Techniker arbeiten zu dieser Zeit neben und an der Rakete. Da zündet auch schon das Triebwerk der zweiten Stufe hoch oben in der Rakete und brennt ein Loch in die erste Raketenstufe, die voll getankt ist mit hochexplosivem Treibstoff. Es kommt sofort zu einer ungeheuren Explosion, alle Männer im Bereich der Startanlage werden getötet.

Die zweite Raketenstufe stürzt nun zu Boden und explodiert ebenfalls. Der Feuerball ist so gewaltig, dass in einem Umkreis von einem Kilometer überall Brände entstehen. Die Anzahl der Toten beträgt nach unterschiedlichen Quellen 90 bis 200, unter ihnen befinden sich Marschall Nedelin und andere hohe Militärs. Außerdem gibt es viele Verletzte mit schweren Verbrennungen.

Am Trainingsstützpunkt bei Moskau beobachtet der junge Raumflug-Anwärter Alexej Leonow, wie mehrere Flugzeuge mit Blutkonserven und Verbandsmaterial zum Kosmodrom aufbrechen [35]. Vom Leiter der Kosmonautenausbildung, General Nikolai Kamanin, erfährt er, was geschehen ist. Im sowjetischen Radio wird hingegen eine kurze Meldung verlesen, dass der Leiter des sowjetischen Raketenstationierungsprogrammes, Mitrofan Nedelin, bei einem Flugzeugabsturz ums Leben gekommen sei. Ein Discoverer/Corona-Spionagesatellit der Amerikaner fotografiert einige Tage später das Trümmerfeld am Startgelände. Die Kunde von einer Raketenexplosion dringt auf diese Weise in den Westen, das Ausmaß der Katastrophe wird aber erst Jahrzehnte später bekannt.

November 1960: Der Zehn-Zentimeter-Flug

Auch in Amerika erweisen sich viele Raketen als widerspenstig. Am 21. November 1960, fast genau einen Monat nach der Katastrophe in Tyuratam, steht am NASA-Startgelände von Cape Canaveral eine Redstone-Rakete. Erstmals soll eine unbemannte Mercury-Kapsel auf einer Parabelbahn hoch hinaus in den Weltraum geschossen werden. Gene Kranz, der legendäre Flugleiter der späteren Mondlandung »Apollo 11« und der Mission »Apollo 13«, steht an diesem Tag erstmals an einer Konsole des Startkontrollzentrums [29].

Auf einem Videoschirm ist das untere Ende der Rakete zu sehen, die schwer auf dem Starttisch ruht. Die Spannung steigt, als die Countdown-Uhr die letzten Sekunden vor der Zündung anzeigt. Als sie bei »Null« anlangt, gibt es eine große Rauchwolke ... Der Kameramann zieht reflexartig seine Kamera nach oben, um die Rakete zu verfolgen, wie sie aus dem Rauch aufsteigt, doch es ist keine Rakete zu sehen. Der Filmer schwenkt die Kamera wieder nach unten, wo nur Rauch sichtbar ist. Flugleiter Chris Kraft blickt verblüfft bald auf das TV-Bild, bald auf die Bildschirme mit den Messdaten. Gene Kranz, damals Neuling, staunt nicht schlecht über die Beschleunigung, mit der die Rakete anscheinend aus dem Bild verschwunden ist. Plötzlich taucht inmitten der Rauchwolke die Redstone-Rakete auf, sie steht noch immer auf dem Starttisch.

»Booster, was zum Teufel ist passiert??«, ruft der Flugleiter über Funk den Raketen(Booster)-Verantwortlichen. Dieser, aus dem Team der deutschen Raketeningenieure stammend, die nach Kriegsende in die USA »importiert« worden sind, kontaktiert seine deutschen Kollegen im Startkontrollbunker. Es zeigt sich, dass die große Rakete etwa zehn Zentimeter in die Höhe gestiegen und dann, weil das Triebwerk plötzlich zu brennen aufhörte, wieder auf den Starttisch zurückgefallen ist – immerhin ohne zu explodieren. Dabei ist die Rettungsrakete, die im Notfall die Mercury-Kapsel wegziehen sollte, automatisch abgeschossen worden – seltsamerweise ohne die (unbemannte) Astronautenkapsel mitzunehmen – und steigt nun bis in 1300 Meter Höhe hinauf. Sirenen und Lautsprecher warnen, dass sie irgendwo herabfallen wird, und wirklich stürzt sie kurze Zeit später 400 Meter neben dem Startgerüst vom Himmel.

Der Raketenverantwortliche diskutiert inzwischen heftig mit seinen Technikern in deutscher Sprache und ignoriert die wütenden Proteste des Flugleiters, man möge doch gefälligst Englisch reden. Fassungslos sehen die Techniker am TV-Schirm, dass an der Spitze der rauchenden Rakete nun völlig sinnlos der Hauptfallschirm und der Reservefallschirm ins Freie geschossen werden. Anfangs hängen sie schlaff herunter, bald jedoch fährt der frische, vom Meer kommende Wind in die Fallschirme und zerrt an ihnen. Es scheint nur eine Frage der Zeit, bis die vollgetankte Rakete umgerissen wird und explodiert. Der Raketenverantwortliche diskutiert noch immer mit seinen Kollegen in deutscher Sprache, worauf Flugleiter Kraft wütend das Kabel von dessen Sprechfunkverbindung aus der Konsole zieht und ihn anknurrt: »Sprich mit *mir*, verdammt noch mal!«

Kurz darauf wird klar, was geschehen ist: Als die Rakete zehn Zentimeter in die Höhe stieg, wurde das Verbindungskabel zur Startanlage wie geplant abgeworfen. Dann hatte sich das Triebwerk aus unbekannten Gründen abgeschaltet. Der Computer der Raumkapsel hatte das Abschalten der Triebwerke wahrgenommen und sozusagen vermutet, er sei jetzt im »Weltraum«. Er befahl deshalb die Abtrennung der Rettungsrakete. Anschließend schien der Computer zu vermuten, die Kapsel sei bereits kurz vor der

Landung, und gab das Signal zum Auswerfen der Fallschirme.

Nach dem ganzen Tumult steht die Rakete nun wieder am Starttisch. Da die Kabelverbindung abgeworfen ist, gibt es keinerlei Möglichkeit, auf sie Einfluss zu nehmen. Auch das Notfallsprengungssystem ist aktiviert und kann jederzeit eine Explosion auslösen.

Die Techniker beraten nun, was man tun soll. Einige wahnwitzige Ideen werden rasch wieder verworfen, etwa, dass jemand zur Rakete hingeht und den Kabelstecker hineinsteckt. Letztlich bleibt nur eine Möglichkeit: Einen Tag lang warten, bis die Batterien der Rakete leer sind und sich deshalb alle Ventile öffnen. Langsam würde dann der Treibstoff verdampfen, der Druck nachlassen, und man könnte sich der Rakete sicher nähern. Und so geschieht es auch. Der seltsame Startversuch geht als »Zehn-Zentimeter-Flug« (»Four-Inch Flight«) in die Raumfahrtgeschichte ein.

April 1961: Letzte Startvorbereitungen

Trotz der vielen Raketenpannen in Ost und West versucht Sergej Koroljow, der charismatische Chef-Raketenkonstrukteur, den jungen Raumflug-Kandidaten Zuversicht und Optimismus zu vermitteln. Oft nennt er sie »meine kleinen Schwalben«. Die Kosmonauten dürfen ihren Familien nicht erzählen, dass sie für einen Weltraumflug trainieren. Gagarins Frau erinnert sich Jahre später, dass ihr Mann oft sehr spät von der »Arbeit« kam. Wenn sie ihn dann fragte, womit er denn genau beschäftigt sei, habe er nur gelächelt und irgendeinen kleinen Scherz gemacht.

In der westlichen Presse tauchen immer wieder Gerüchte um angeblich verunglückte russische Kosmonauten auf, deren Leichen für immer durch das All treiben. Eine besonders skurrile Geschichte betrifft Wladimir Iljuschin, den Sohn des berühmten Flugzeugkonstrukteurs Sergej Iljuschin, der Anfang April 1961 nach einem Autounfall verletzt ins Spital eingeliefert worden ist. Der Moskau-Korrespondent der kommunistischen US-Zeitung »Daily Worker« hält dies für eine Cover-Up-Geschichte, mit der ein Raumflugunglück vertuscht werden solle. Er meldet an seine Zeitung, Iljuschin sei offenbar mit einer Raumkapsel verunglückt. Allerdings können diese Gerüchte leicht widerlegt werden: Jedes fremde Raumschiff wäre sehr bald von den Antennen des NORAD entdeckt worden, des nordamerikanischen Militärzentrums zur Satellitenverfolgung im Inneren des Cheyenne Bergmassivs in Colorado.

Um die Sprachfunkverbindung mit der Bodenstation zu testen, werden zuweilen Tonbandgeräte in unbemannte Wostok-Kapseln eingebaut. Die sowjetischen Verantwortlichen befürchten jedoch, dass westliche Geheimdienste die Funksprüche für echt halten und als Botschaften eines Kosmonauten auf einer geheimen Spionagemission interpretieren könnten. Aus diesem Grund wird beschlossen, in den Raumkapseln ein Tonband mit russischen Suppenrezepten abzuspielen und dazu den Gesang eines Chores erklingen zu lassen. Denn selbst hartnäckigste westliche Verschwörungstheoretiker könnten wohl kaum erklären, warum ein Kosmonaut Suppenrezepte rezitiert und einen ganzen Chor bei sich beherbergt.

April 1961: Mensch im All

Drei Kosmonauten kommen in die letzte Auswahl für den ersten Flug ins All: Juri Gagarin als Hauptkandidat, German Titow als Ersatzmann und Grigori Neljubow als zweiter Ersatzmann. Am 12. April 1961 sind Rakete und Raumschiff startbereit. Noch weiß die Welt nicht, dass der Tag des großen Fluges gekommen ist.

Bei der Fahrt zur Startrampe hält der Bus auf halber Strecke. Juri Gagarin steigt aus und gibt neben dem Hinterrad des Busses noch einem menschlichen Bedürfnis nach. Seit damals wiederholt sich dieses Ritual vor jedem Raumflug. Als der deutsche Astronaut Thomas Reiter 1995 mit seinen russischen Kameraden ins All flog, befand sich ein Team des deutschen Fernsehens im Kosmonauten-Bus, das unbedingt alles mitfilmen wollte. Und zwar wirklich alles. Die russischen Begleiter hinderten das TV-Team allerdings mit freundlicher Bestimmtheit daran, das kleine Geschäft am Hinterrad für die Nachwelt zu dokumentieren.

In seinem Buch »Der Weg in den Kosmos«, das wenige Wochen nach dem Flug erschien, beschreibt Gagarin die Erlebnisse seiner Weltraumreise [2]. Der Text stammt allerdings – basierend auf Gesprächen mit Gagarin – von zwei Prawda-Korrespondenten. Die farbigen, zuweilen etwas pathetischen Schilderungen sind daher stramm ideologisch eingefärbt: »Meine Eltern sind schlichte, russische Menschen, denen die Große Sozialistische Oktoberrevolution ebenso wie unserem ganzen Volk einen breiten und geraden Lebensweg erschlossen hat«, steht am Anfang des Buches zu lesen.

Sergej Koroljow, der große Chefkonstrukteur, der in den frühen 60er Jahren in Russland eine ähnlich wichtige Rolle spielt wie Wernher von Braun bei der NASA, ist zu dieser Zeit noch ein Staatsgeheimnis. Sein Name wird nirgends erwähnt, es ist immer nur von »dem Chefkonstrukteur« die Rede. Auch der Name Mstislaw Keldysch ist streng geheim, stattdessen spricht man vom »Theoretiker der Raumfahrt«. Kosmonaut German Titow wiederum wird im Buch von Gagarin nur als »Kosmonaut Zwei« erwähnt, da sein Name erst nach seinem Start veröffentlicht werden darf.

»Ich schaute über das Mikrofon hinweg und sah die aufmerksamen Gesichter meiner Lehrer und Freunde – des Chefkonstrukteurs, des Theoretikers der Raumfahrt, Nikolai Petrowitsch Kamanins, des lieben, guten Jewgeni Anatoljewitsch und des Kosmonauten Zwei…« schildert Juri

Abbildung 3: Links: Juri Gagarin und Raketenkonstrukteur Sergej Koroljow mit ihren Frauen bei einem Spaziergang (1961). Rechts: Juri Gagarin (links) und seine Frau erhalten bei sich zu Hause Besuch von einem befreundeten Kosmonauten. (Foto von 1966)

Gagarin die Momente vor dem Start. Dann hält er eine kurze Ansprache: »Ich möchte diesen ersten Raumflug den Menschen des Kommunismus weihen, der Gesellschaft, in die unser sowjetisches Volk bereits eintritt und in die, davon bin ich überzeugt, alle Menschen der Welt eintreten werden.«

Doch der Chefkonstrukteur sieht verstohlen auf die Uhr, Gagarin muss sich kurz fassen. »Wie gern möchte ich euch alle umarmen, Bekannte und Unbekannte, Nahe und Ferne!«, sagt er, winkt, und wendet sich zur Startrampe. Ein Aufzug bringt ihn hinauf zum Raumschiff an der Raketenspitze. Wie es in der Kapsel wirklich roch, wissen wir nicht. In Gagarins Buch erfahren wir jedenfalls Erstaunliches: »Ich trat in die Kabine, sie roch nach dem Wind der Felder. Man setzte mich auf den Sessel, lautlos fiel die Luke ins Schloss. Nun war ich allein mit den Geräten, auf die kein Tageslicht, kein Sonnenstrahl fiel, sie waren künstlich beleuchtet.«

Dann kommt der Moment, in dem die Triebwerke der Rakete zünden: »Ich hörte ein Pfeifen, ein immer stärker anschwellendes Dröhnen und fühlte, wie der Riesenleib des Schiffes zu beben begann und sich langsam, sehr langsam von dem Starttisch löste. Der Lärm war nicht größer als in der Pilotenkanzel eines Düsenflugzeugs, nur klangen viele neue Töne mit, die noch kein Komponist je auf Notenpapier geschrieben hat und die vermutlich kein Musikinstrument und keine Menschenstimme vorerst wiederzugeben vermag. Die mächtigen Triebwerke dröhnten und donnerten die Musik der Zukunft, und sie wird offenbar noch ergreifender und schöner sein als die wunderbarsten Tonwerke der Vergangenheit.«

Immer höher steigt die Rakete, und Gagarin (bzw. die

Prawda-Korrespondenten) schildern: »Ich hörte die Stimmen der Kameraden auf den Funkstationen so deutlich, als befänden sie sich neben mir. Als die dichten Atmosphärenschichten durchflogen waren, löste sich automatisch die Stromlinienverkleidung an der Spitze des Raumschiffes, sie verschwand irgendwo seitlich. In den Fenstern zeigte sich die Erdoberfläche. Zu diesem Zeitpunkt überflog die ›Wostok‹ einen der breiten sibirischen Ströme. Ich unterschied deutlich die kleinen, von der Morgensonne beschienenen waldigen Inseln und die Ufer.«

Und gelegentlich bricht in dem Buch heißblütig der Pathos durch: »Heiße Sohnesliebe für dieses Land, dessen Kind ich bin und auf das auch die fremden Völker voll Hoffnung blicken, überflutete mich. […] Das von der Kommunistischen Partei organisierte und erzogene Sowjetvolk hat den Staub der alten Welt abgeschüttelt, es hat sich in seiner ganzen Riesengröße aufgerichtet und schreitet auf dem von Lenin gewiesenen Weg. […] Das Heimatland erzog uns an den heldenhaften Beispielen seiner besten Söhne, es impfte uns von klein an nur schöne und edle Gefühle ein.«

Und Gagarin blickt hinaus zu den Sternen: »Das Herz von feierlichen Gefühlen bewegt, betrachtete ich die seltsame Welt, die mich umgab, und war bemüht, alles zu sehen, zu begreifen, zu erfassen. In den Fenstern leuchteten wie Diamanten kalte, ungewöhnlich helle Sterne. Bis zu ihnen war es noch entsetzlich weit, vielleicht Dutzende Flugjahre, doch immerhin beträchtlich näher als von der Erde.«

Der Blick durch das Fenster auf den Rand der Atmosphäre, den Übergang zum Weltraum, ist wunderschön: »Dicht über der Erdoberfläche gibt es ein zartes, helles Blau, das langsam dunkler wird und in einen violetten Glanz mündet, der dann zu einem tiefen Schwarz wird …« Dann nähert sich die Raumkapsel erstmals dem Erdschatten und der Nachtseite der Erde: »Das Schiff tauchte fast übergangslos in den Schatten ein. Sofort wurde es stockfinster. Offenbar flog ich über dem Ozean, denn unten glitzerte nicht mal der zerstreute Goldstaub der beleuchteten Großstädte.«

Nach einiger Zeit erreicht die Kapsel wieder den grellen Sonnenschein: »Die Sonnenstrahlen durchdrangen die Erdatmosphäre, der Horizont färbte sich grell orangefarben und spielte sodann in Hellblau, Dunkelblau, Violett und Schwarz über. Eine unbeschreibliche Farbenpracht!«

Zwischendurch isst Gagarin aus Tuben eine kleine Mahlzeit und notiert einiges auf einem Schreibblock. Leider schwebt der Bleistift später davon und verschwindet in irgendeinem Winkel der Kapsel. Gagarin steckt den nutzlos gewordenen Block ein.

Inzwischen hat auch das sowjetische Radio und die Nachrichtenagentur TASS den Start von Juri Gagarin gemeldet. Wie wir heute wissen, hatte der KGB drei verschiedene Nachrichten-Meldungen vorbereitet: eine für einen erfolgreichen Start, und zwei andere Varianten für entsprechende Unfallsituationen.

Die Landung

Bald kommt für Gagarin der Zeitpunkt der Rückkehr. Das Bremstriebwerk zündet, und die Kapsel nähert sich, wegen eines Defekts rasch rotierend, mit rasender Geschwindigkeit der Erdatmosphäre. Noch nie zuvor ist ein Mensch aus dem Weltall zur Erde zurückgekehrt. Die haarsträubende

Geschwindigkeit von 28.000 Kilometer pro Stunde muss nun alleine durch die Bremswirkung der Atmosphäre so stark reduziert werden, dass ein Auswerfen des Fallschirms möglich ist. Durch die Reibungshitze wird sich dabei die Außenwand der Kapsel stark erhitzen.

Gagarin schildert in seinem Buch: »Das Raumschiff trat in die dichten Atmosphärenschichten ein. Seine Außenhülle erhitzte sich rasch; durch die Fensterklappen sah ich den unheimlichen purpurnen Widerschein der Flammen, die das Schiff einhüllten. Doch in der Kabine herrschte zwanzig Grad Wärme, obgleich ich mich in einem abwärts rasenden Feuerball befand. Die Schwerelosigkeit hatte längst aufgehört. Die steigende Überbelastung presste mich in den Sessel. Sie wurde immer größer und überstieg bedeutend die beim Aufstieg. Das Schiff begann zu rotieren. Ich meldete es der Erde. Doch das mich beunruhigende Kreiseln hörte bald auf, und der weitere Abstieg verlief normal. Es war klar, dass alle Systeme vorzüglich funktionierten und das Schiff genau auf das vorgesehene Landungsziel zusteuerte. Von der Überfülle des Glücks fing ich an, schallend mein Lieblingslied zu singen: ›Die Heimat hört, die Heimat weiß‹ …«

Was Gagarins Buch verschweigt, ist die Tatsache, dass er plangemäß (wie alle anderen Wostok-Kosmonauten) in rund 8000 Metern Höhe mit dem Schleudersitz die Kapsel verlässt und an einem eigenen Fallschirm landet. Erst 1978 wird dieses Detail bekannt, bis dahin wird der Eindruck erweckt, er sei in der Kapsel gelandet. Laut internationalen Regeln gilt ein Flugrekord nämlich nur dann, wenn der Pilot in seinem Vehikel startet *und* landet.

Während Gagarin nun also am Fallschirm hängt (was im Buch natürlich nicht gesagt wird), sieht er von oben das »funkelnde blaue Band der Wolga«, und er blickt auf »die weitgedehnte Ebene, die Frühlingsäcker, die Wäldchen und Straßen, und in der Ferne Saratow, dessen Häuser wie aus dem Baukasten aussahen«. Unten auf den Feldern arbeiten Menschen, die nun zu ihm hinaufblicken und zu der Stelle laufen, auf die der Kosmonaut zusteuert. Gagarin, eine am Fallschirm hängende Gestalt in einem orangefarbenen Raumanzug mit einem weißen Helm, landet schließlich auf einem frisch gepflügten Acker. Beinahe wäre er in einen kleinen Wasserlauf neben einem Haus geplatscht, ein Windstoß weht ihn in letzter Minute zur Seite. Etwa vier Kilometer von ihm entfernt erreicht die Kapsel an einem eigenen Fallschirm den Erdboden.

Unweit von Gagarin stehen eine Frau und ein Mädchen mit einem scheckigen Kälbchen. Die Bäuerin Anna Tachtarowa ist die Frau des dortigen Försters, das Mädchen ist ihre sechsjährige Enkelin Rita. Gagarin nimmt den Helm ab und atmet die frische Luft ein. Das Mädchen fürchtet sich ein wenig, und einige hinzukommende Menschen denken an den im Vorjahr abgeschossenen U2-Spionagepiloten Gary Powers. Sie starren den vom Himmel geschwebten Ankömmling misstrauisch an, doch dieser begrüßt sie strahlend und in bestem Russisch. Er sei ein Sowjetbürger und komme gerade aus dem Weltraum. Einige Leute erinnern sich an die soeben gehörte Radiomeldung über den ersten Raumflug und fragen verblüfft, ob *er* wirklich jener Weltraumflieger sei. Gagarin nickt und bittet darum, irgendwo telefonieren zu dürfen. Er will der Kontrollstelle berichten, dass die Landung glücklich verlaufen sei. Auf dem Acker, wo Gagarin gelandet ist, wird einige Tage später ein Denkmal errichtet.

August 1961: Ein ganzer Tag im All

Für den zweiten Flug ins All wird German Titow ausgewählt, ein sehr sportlicher und emotional robuster Mensch. Er soll 24 Stunden alleine im All kreisen, wobei seine Umlaufbahn viele Stunden lang über Gebiete ohne Funkstation verlaufen wird, wo keinerlei Kontakt mit anderen Menschen möglich ist.

Am 6. August 1961 startet Titow mit dem Raumschiff Wostok 2. Lärm und heftige Vibrationen beherrschen den Aufstieg mit der Rakete. Nach der Ankunft im Weltraum wird das Triebwerk abgeschaltet. »Plötzlich stoppte der Lärm, es war ganz still, und ich hatte den Eindruck, dass ich mich kopfüber in einer verkehrten Position befinde«, erzählt Titow später (alle Titow-Zitate aus [28]). Diese unangenehme Empfindung haben viele Menschen, wenn sie im Weltraum ankommen. Weil die Schwerkraft der Erde wegfällt, strömt das Blut verstärkt in den Kopfbereich und erweckt ein Gefühl, als würde man einen Kopfstand machen.

Auch Titow ist fasziniert vom Ausblick aus dem Kapselfenster, seine Schilderungen sind höchst eindrucksvoll. Der Sonnenaufgang im All gleicht »einer explosiven Ankunft von gleißend hellem Glanz«. Wobei dieses wundervolle Schauspiel erstaunliche 16 Mal pro Tag wahrgenommen werden kann, da die Raumkapsel nur 90 Minuten für eine Erdumkreisung benötigt. Das seltsame Leben in der Erdumlaufbahn wechselt daher ständig zwischen 45 Minuten Tageslicht und 45 Minuten finsterer Nacht.

Über dem nächtlichen Brasilien beobachtet der Kosmonaut unter sich die Lichterinseln einiger großer Städte. Und dann blickt er hinaus in den Weltraum: Die Sterne wirken heller als auf der Erde, sagt er, und sie flimmern nicht, da keine Atmosphäre ihren Schein trübt. Als Titow sich, vom Atlantik kommend, der westafrikanischen Küste nähert, sieht er das tiefe Blau des Mittelmeeres und die gelbe Weite der marokkanischen Wüste. Später fliegt er über ein Schlechtwettergebiet und blickt auf bizarre Wolkenlandschaften hinab, die sich tief unter ihm ausbreiten. Immer wieder bewundert er die Farben des Meeres, diese reichen von einem Blassgrün über Türkis bis hin zu einem intensiven Blau. Titow ist fasziniert vom Flugerlebnis. »Ich bin ein Adler! Ich bin ein Adler!«, ruft er begeistert per Funk zur Erde.

Während des eintägigen Fluges nimmt der Raumfahrer mehrere Mahlzeiten zu sich. Die Nahrung befindet sich in passierter Form in Tuben und kann, ohne angewärmt zu werden, direkt in den Mund gequetscht werden. Diverse Pürees enthalten Fleisch pur, oder Fleisch gemischt mit Sauerampfer, Gemüse oder Hafer. Außerdem gibt es Pflaumen, Leberpastete, verschiedene Fruchtsäfte, Käse und eine Art Schokoladesauce als Dessert, sowie kalten Kaffee mit Milch [28]. Neben dieser Tubennahrung gibt es auch kleine Portionen von festen Speisen, etwa Brot und Räucherwurst sowie Süßwaren und Multivitaminpillen. Titow berichtet zur Erde, dass Essen kein Problem sei, dass die Tubennahrung allerdings wenig »Genuss« bereite. Verspielt drückt er aus einer Tube einen großen Tropfen Saft heraus, bis dieser als freifliegende Kugel schwerelos vor seiner Nase schwebt und mit dem Mund eingefangen werden kann.

German Titow ist der erste Mensch, der Symptome der Weltraumkrankheit verspürt. Anfangs ist es nur das lästige Gefühl, auf dem Kopf zu stehen. Später gurtet er sich los, um in der engen Kapsel ein wenig zu schweben, bekommt jedoch bald ein Gefühl von Seekrankheit, wenn er den Kopf zu ruckartig bewegt. Zum Glück muss er nicht erbrechen, da in diesem Fall auch das Erbrochene schwerelos durch die Kabine schweben würde. Als er sich ruhig in die Pilotencouch legt, wird das Unwohlsein rasch besser. Verursacht werden diese Symptome, die nur bei manchen Raumfahrern auftreten, unter anderem durch das Gleichgewichtsorgan im Ohrbereich. Dort befinden sich kleine, als Otolithen bezeichnete Körnchen, die auf Sinneszellen liegen und dem Körper sozusagen mitteilen, wo gerade oben und unten ist. In der Schwerelosigkeit fliegen sie ziellos herum und stoßen ständig an irgendwelche Rezeptoren des Organs. Das Gehirn erhält deshalb völlig wirre Meldungen, was »oben« und »unten« betrifft, worauf der Körper mit Unwohlsein reagiert. Der Bodenstation teilt Titow mit, er fühle sich »exzellent«. Erst nach dem Flug berichtet er über seine Beschwerden.

Abends verwendet der Kosmonaut eine improvisierte »Weltraumtoilette«. Da er seinen Druckanzug während des ganzen Fluges anbehält, muss er vorne und hinten jeweils eine Art Röhre in Öffnungen des Raumanzuges einführen. Ein Luftstrom saugt Harn und Kot an und befördert beides in Container, wobei die Luft danach, durch Filter gereinigt, wieder ins Raumschiff zurückgeleitet wird.

Gegen Abend teilt Titow der Bodenkontrolle mit, er wolle jetzt schlafen gehen. Anfangs ist sein Schlaf unruhig, später jedoch tief und fest. Als man ihn viele Stunden später wecken will, reagiert er zuerst nicht, was in der Bodenkontrolle Sorgen auslöst. Endlich erwacht er und ist zuerst verwirrt wegen einiger Gegenstände, die vor seinen Augen schweben. Erst langsam wird ihm klar, wo er sich befindet. Doch er fühlt sich prächtig, die Anzeichen von Weltraumkrankheit sind völlig verschwunden. Als Titow über Washington fliegt, lässt er der amerikanischen Bevölkerung Grüße ausrichten. Es fasziniert ihn, dass er in nur 18 Minuten die Strecke von Washington nach Moskau zurücklegt. »Der Weltraum bringt unsere Städte näher zusammen«, meint er später.

Eigentlich sollte Titow vor dem Eintauchen in die Atmosphäre die Fenster der Kapsel mit Schutzklappen abdecken, doch er lässt sie offen, um zu beobachten, was draußen passiert. Der Himmel, ursprünglich tiefschwarz, wird von zarten rosa Flammen überzogen, die sich langsam über Scharlachrot und Purpur ins Dunkelrot verfärben. Die Außenwand der Kapsel erhitzt sich auf mehrere tausend Grad, drinnen ist es jedoch angenehm. Nur wenige Zentimeter trennen den Kosmonauten von tödlicher Hitze. Mit 8 bis 9-fachem Übergewicht wird er in seine Kosmonautenliege gedrückt, das Atmen fällt schwer. Während die wie ein Feuerball glühende Kapsel von der Atmosphäre gebremst wird, beginnt der glückliche Titow laut zu rufen: »Ich komme nach Hause! Ich komme nach Hause!«

Dann leuchtet ein rotes Lämpchen auf und zeigt ihm an, dass er jetzt den Griff für den Schleudersitz betätigen kann. In 7000 Metern Höhe wird ein Teil der Kapsel aufgesprengt, und er fliegt samt seinem Sitz mit einem ungeheuren Ruck und gewaltigen Knall ins Freie. Gleißend helles Tageslicht umgibt ihn.

Sein Fallschirm öffnet sich, und er sieht in einiger Entfernung die Raumkapsel an einem eigenen Fallschirm herabschweben. Tief unter ihm laufen Menschen herbei und blicken hinauf zu ihm. Dann ist da noch eine Eisenbahnlinie mit einem Zug, und in der Ferne sind zwei Städte und ein Fluss zu sehen. Die frühen Landungen russischer Raumflüge endeten nicht in den einsamen Steppen von Kasachstan, sondern im viel dichter besiedelten Russland.

Nur 200 Meter vom Eisenbahngleis entfernt landet German Titow in der Nähe des Dorfes Krasny Kut, 720 Kilometer südöstlich von Moskau. Lachend sitzt er in einem gepflügten Feld, nachdem er in 25 Stunden eine Flugstrecke von rund 700.000 Kilometer zurückgelegt hat, mit einer Geschwindigkeit von 28.000 Stundenkilometern. Mit seiner Hand nimmt er etwas Ackererde und verspürt den Duft des Erdbodens. Inzwischen kommen Leute aus der Umgebung herbei und fragen ihn, ob er jener Kosmonaut German Titow sei, von dem sie heute im Radio gehört haben.

Januar 1965: Das Flugkontrollzentrum verpasst den Start

Sowohl die UdSSR, als auch die USA wollen Mitte der 60er Jahre einen Menschen im Raumanzug aus einer Kapsel ins freie Weltall aussteigen lassen. Die NASA baut für diesen Zweck zweisitzige Gemini-Raumschiffe, die auf eine umgebaute »Titan II«-Atomrakete montiert werden. Im Januar 1965 soll eine unbemannte Gemini-Kapsel auf einen 18-minütigen Parabelflug ins All geschickt werden, um den Hitzeschild zu testen. Erstmals dürfen Fernsehteams ihre Kameras direkt im Startkontrollraum in Cape Canaveral aufbauen. Kurz vor dem Start schalten die TV-Teams ihre Scheinwerfer ein und beginnen zu filmen. Die Triebwerke der Titan-Rakete zünden, und im nächsten Moment gehen im Startkontrollzentrum alle Lichter aus. Die stromfressenden Scheinwerfer der Fernsehteams haben die Leitungen vom Kontrollzentrum überlastet, weil niemand daran gedacht hat, die Lampen aus Sicherheitsgründen an einen getrennten Stromkreis anzuhängen.

Es ist völlig finster im Raum, auch alle Bildschirme sind schwarz, nur eine Telefonleitung zum Startbunker funktioniert noch. Und so bekommen die Techniker per Telefon erzählt, was die Rakete gerade macht. Als Lampen und Bildschirme wieder aufleuchten, ist die Raumkapsel längst planmäßig im Atlantik gelandet [29].

Die NASA-Pläne, aus einer Gemini-Kapsel ins freie Weltall auszusteigen, sind auch in der Sowjetunion bekannt. Man beschließt daher, den Amerikanern zuvorzukommen, und zwar mittels einer umgebauten Wostok-Kapsel (»Woschod«), weil das neuartige Sojus-Raumschiff noch nicht einsatzbereit ist. Allerdings gibt es da ein Problem: Die Woschod-Kapsel hat nur einen einzigen Raum. Wollte man diesen Bereich als Luftschleuse verwenden und die Luft herauslassen, müssten alle zwei Kosmonauten Raumanzüge tragen, wofür der Platz nicht reicht. Außerdem ist die Elektronik nicht dafür vorgesehen, unter Vakuumbedingungen zu arbeiten. Die Russen lösen das Problem, indem sie außen an der Raumkapsel eine Art aufblasbare Luftschleuse befestigen, die der Kosmonaut Alexej Leonow beim Ausstieg verwenden soll.

Ein unbemannter Testflug im Februar 1965 verläuft teilweise erfolgreich: Das Aufblasen der Schleuse gelingt, danach aktiviert die Raumkapsel versehentlich einen Selbstzerstörungsmechanismus und verglüht, in 168 Teile zertrümmert, einige Tage später in der Atmosphäre. Da nur mehr eine einzige Kapsel flugbereit ist, lässt Chefkonstrukteur Koroljow die Crew entscheiden, ob sie starten will, oder ob man nach einem weiteren unbemannten Testflug ein Jahr auf die Fertigstellung eines neuen Raumschiffs warten soll. Die Crew entscheidet sich daraufhin, zu fliegen.

März 1965: Der erste Ausstieg ins freie All

Alexej Leonow verrät seiner Frau Swetlana nichts von dem geplanten Ausstieg in den freien Weltraum, da sie sich sonst zu große Sorgen gemacht hätte [35]. Einige Tage vor dem Start treffen Kommandant Pawel Beljajew und Bordingenieur Leonow am Kosmodrom Tyuratam ein. Leonow, der den Ausstieg machen soll, schläft nach bewährter Sitte in jenem Bett, das schon Juri Gagarin vor seinem Flug benützt hat.

Am 18. März 1965 ist die R-7-Rakete mit dem Raum-

Abbildung 4: Alexej Leonow (hier mit Frau und Töchtern) stieg als erster Mensch im Raumanzug in den freien Weltraum aus. (1965)

schiff »Woschod 2« startklar. Vor dem Start gibt es für die zwei Kosmonauten ein kräftiges Frühstück mit gekochten Eiern, Brot, Butter, Kartoffelpüree und Tee. Anschließend öffnet man – undenkbar im zu jener Zeit alkoholfeindlichen Amerika – im kleinen Kreis noch eine Flasche Sekt. Auch Chefkonstrukteur Koroljow ist dabei, sowie Juri Gagarin. Die Kosmonauten nehmen nur einen ganz kleinen Schluck und signieren dann die Flasche. Gagarin meint, sie könnten den Rest trinken, sobald sie vom Flug wieder zurückgekommen sind.

Dann sind Leonow und Beljajew in der Woschod-Kapsel eingeschlossen. Es ist relativ leise, einige Geräte surren, und über Kopfhörer hören sie die Stimmen der Techniker. Die Kapsel riecht nach frischer Farbe und ein wenig nach dem »Klebstoff Nr. 88«, einem spiritushaltigen Spezialleim. Leonow beschreibt den Geruch als angenehm.

Schließlich zünden die Triebwerke, die Vibration der Rakete wird immer stärker, Raumschiff und Rakete verlassen den festen Boden und steigen zuerst langsam und dann immer schneller in die Höhe. In 80 Kilometer Höhe wird die Schutzhülle der Raketenspitze abgesprengt, die beiden Russen können nun durch Bullaugen hinausblicken. Zehn Minuten nach dem Start schiebt die dumpfdröhnende oberste Raketenstufe das Raumschiff bereits 500 Kilometer hoch über der Erde mit atemberaubender Geschwindigkeit durch den Weltraum. Dann gibt es einen lauten Knall, die Raumkapsel wird planmäßig von der Trägerrakete abgesprengt. Es ist plötzlich sehr ruhig im Raumschiff, das Dröhnen der Triebwerke hat aufgehört, und diverse kleine Gegenstände fliegen schwerelos durch das Innere der Kapsel.

Die Spannung in der Bodenkontrolle ist extrem hoch.

Beim Start hat es mehrere Alarmmeldungen gegeben, und Chefkonstrukteur Sergej Koroljow zündet sich – wie berichtet wird – sogar eine Zigarette an, obwohl er eigentlich Nichtraucher ist. Der sowjetische Rundfunk meldet wenig später den Start, der geplante Ausstieg aus der Raumkapsel wird jedoch mit keinem Wort erwähnt.

Der großgewachsene Leonow ist einer der jüngsten Männer der ersten Kosmonautengruppe, er ist durch sein sonniges Gemüt und seinen Humor überaus beliebt. Anfangs ist er als heißer Tipp für den ersten Raumflug gehandelt worden, doch man fürchtete, er könnte aufgrund seiner Körpergröße beim Betätigen des Schleudersitzes mit dem Kopf am Rand der engen Luke anprallen. Schon zweimal hat Leonow in lebensgefährlichen Situationen Mut und Kaltblütigkeit bewiesen. Ende 1960 hat ein Chauffeur ihn und seine Frau ins Trainingszentrum gebracht und auf der eisglatten Straße die Kontrolle über das Auto verloren. Der Wagen stürzte in einen zugefrorenen Teich, durchbrach das Eis und versank im eisigen Wasser. Leonow gelang es, seine Frau und den benommenen Lenker aus dem versinkenden Auto zu zerren und zu retten. Der Teich wird seither inoffiziell »Leonow-Teich« genannt. Ein anderes Mal, als Leonow in einem abstürzenden Flugzeug einen Schleudersitz betätigen musste, verfingen sich die Fallschirmleinen an der Rückenlehne des Sitzes und behinderten den Fallschirm. Leonow geriet, während er aus großer Höhe in die Tiefe stürzte, nicht in Panik, sondern verbog mit Bärenkräften den Metallrahmen des Schleudersitzes, bis die Leinen befreit waren und er ruhig am Fallschirm zu Boden schwebte.

Nun ist Alexej Leonow also im Weltraum, und eine faszinierende und gefährliche Aufgabe wartet auf ihn.

Der Ausstieg

Sobald die Bodenkontrolle grünes Licht gibt, aktiviert Kommandant Beljajew die Pumpen, welche die zusammengefaltete Schleuse an der Außenwand der Kapsel auf eine Größe von zwei Metern aufblasen. Leonow trägt den Raumanzug bereits seit dem Start, nun schnallt er sich noch Sauerstoffflaschen auf den Rücken, die ihn 90 Minuten lang mit Atemluft versorgen können. Der Kosmonaut begibt sich in die Schleuse, sein Kamerad schließt die innere Luke. Nach dem Ausströmen der Luft öffnet Leonow die äußere Luke und blickt durch das Visier seines Raum-

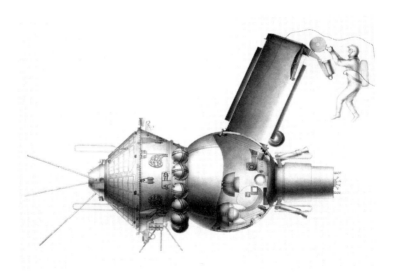

Abbildung 5: Skizze des Raumschiffs »Woschod 2«, von wo aus Leonow den ersten Raumspaziergang durchführte: links der Geräteteil, rechts die kugelförmige Kosmonautenkapsel und oben die aufblasbare Luftschleuse, durch die Leonow ausstieg. (1965)

anzuges in den freien Weltraum hinaus. Das Panorama ist überwältigend: »Was ich sah, als ich die Luke öffnete, verschlug mir den Atem. Die Nacht ging in den Tag über. Das kleine Stück, das ich von der Erdoberfläche zu Gesicht bekam, war dunkelblau. Als ich genau nach Süden zum Südpol blickte, war der dunkle Himmel jenseits des gekrümmten Horizonts von hellen Sternen erleuchtet. Ich reckte meinen Hals, bis es wehtat. Ich wollte mehr sehen. Bei einer Geschwindigkeit von 30.000 Stundenkilometern veränderte sich die Szenerie unter mir sehr schnell. Sehr bald gerieten die Umrisse des afrikanischen Kontinents in mein Blickfeld.« [35]

Nun erhält Leonow die Erlaubnis für das Hinausklettern aus der geöffneten Schleuse. Sein Herz beginnt stark zu pochen. Er schiebt sich hinaus, hält sich noch an einem Griff fest, und dreht sich dann um. Nun sieht er die Raumkapsel von außen. Was für eine Aussicht: Vor ihm schwebt das Raumschiff, und unter ihm erstreckt sich bereits das blaue Mittelmeer. Die Flugbahn dieser Mission verläuft verhältnismäßig hoch, und sein Blick reicht daher viel weiter, als dies bei manch anderen Flügen möglich gewesen wäre. Links zeigen sich Griechenland und Italien, schräg vor ihm das Schwarze Meer und die Halbinsel Krim, rechts die schneebedeckten Berge des Kaukasus und die Wolga. Und ganz im Norden, in der Ferne, ist sogar das Baltikum zu erkennen. All das sieht Leonow zur gleichen Zeit in einem unglaublichen, farbigen Panorama!

Er atmet nun Luft aus dem Lebenserhaltungssystem, das er wie einen Rucksack am Rücken trägt. Mit dem Raumschiff ist er nur über eine dünne Sicherheitsleine verbunden. Noch hält er sich am Griff fest, doch dann stößt er sich ab, so wie sich ein Schwimmer vom Rand des Beckens wegdrückt, und er schwebt ein Stück hinaus in den Weltraum.

Euphorie steigt in ihm auf, er ist der erste Mensch in der Geschichte der Menschheit, der – nur in einen Raumanzug gehüllt – frei im All schwebt. Gleichzeitig fühlt er sich unglaublich winzig: unter ihm der riesenhafte Planet Erde, und in allen anderen Richtungen versinkt sein Blick in der sternenübersäten Unendlichkeit des Universums.

Leonow weiß in diesem Moment nicht, dass seine vierjährige Tochter Wika in Panik gerät, als sie ihn auf einem TV-Schirm neben dem Raumschiff fliegen sieht. »Was macht er da?«, heult sie entsetzt unter Tränen. »Sag Papa, er soll wieder reingehen!« Auch Leonows Vater ist empört, da er den Zweck des Ausstiegs in den freien Weltraum nicht verstehen kann. Lautstark schimpft er vor all den versammelten Journalisten: »Warum benimmt er sich wie ein Halbstarker? Alle anderen erfüllen ordentlich ihre Mission in ihren Raumschiffen. Was hat er da nach draußen zu klettern? Irgendwer muss ihm befehlen, sofort wieder reinzugehen.« Doch dann ist auch Leonows Vater glücklich und stolz, als er hört, wie der Sowjet-Führer Leonid Breschnew höchstpersönlich vom Kreml aus Glückwünsche an seinen im All schwebenden Sohn übermittelt.

Dieser ist inzwischen gebannt von der unglaublichen Stille des freien Weltraums. Er fühlt sich wie eine Möwe, die mit ausgestreckten Flügeln hoch über der Erde segelt. Ein weiteres Mal stößt er sich vom Raumschiff ab und schwebt einige Meter ins All hinaus. Dabei gerät er aus dem Blickfeld der TV-Kamera, sodass sein in der Kapsel sitzender Kamerad Beljajew besorgt fragt, wo er sei, und was er denn mache.

Aber Leonow bewundert selbstvergessen den Glanz des

Sonnenlichts auf der Außenhülle der Raumkapsel. Irgendwie kommt sie ihm unendlich klein und verletzlich vor. Immer wieder wird er in den folgenden Jahren versuchen, diesen Goldglanz der Kapsel mit dem Pinsel in seinen Gemälden wiederzugeben. Aber es wird ihm nie richtig gelingen.

Dann ruft Beljajew, es sei Zeit, wieder hereinzukommen. Das Raumschiff nähert sich bereits der Nachtseite der Erde, wo es eiskalt und stockfinster sein wird. Leonow merkt, dass sich sein Raumanzug im Vakuum enorm aufgebläht hat. Seine Füße sind innen aus den Stiefeln in die Hosen gerutscht, und die Finger aus den Handschuhen in die Ärmel. Mit den Füßen voran ist es ihm kaum möglich, in die Schleuse zu klettern. Leonow versucht nun, mit dem Kopf voran hineinzugleiten. Aber auch das gelingt ihm nur, indem er durch ein Ventil Luft aus dem Raumanzug herauslässt und den Druck auf ein gefährlich niedriges Niveau senkt. Für 40 Minuten hat er noch Sauerstoff. Durch die anstrengenden, vergeblichen Versuche, in die Schleuse zu klettern, wird ihm unerträglich heiß.

Irgendwie schafft er es dann doch, mit dem Kopf voran in die Schleuse zu gelangen. In ihrem dehnbaren Inneren muss er sich nun umdrehen, um die äußere Luke zu schließen. Sobald der Bereich wieder mit Luft gefüllt ist, öffnet Pawel Beljajew die innere Luke zum Raumschiff. Leonow ist völlig erschöpft und schweißgebadet. Während er sich erholt, nimmt er Stifte und macht Skizzen vom Ausblick ins freie All.

Die Landung

Mit kleinen Sprengladungen wird nun die Luftschleuse von der Kapsel abgesprengt, da sie nicht mehr gebraucht wird. Leonow blickt hinunter auf das nebelbedeckte Moskau. Die Stadt erscheint ihm wie ein riesiger aufgeschnittener Hummer, und die Flüsse in der großen Stadt wirken wie die Blutadern des Tieres. Der Kosmonaut denkt an seine Frau Swetlana und an seine Tochter Wika. Müde, frierend und hungrig schlafen die beiden Männer schließlich ein.

Einige Stunden später sind sie wieder wach. Sie bereiten die Landung vor, die möglichst nur in speziellen Landegebieten bei Tageslicht erfolgen soll. Wenige Minuten vor der Zündung des Bremstriebwerks tritt jedoch ein Defekt am automatischen Steuerungssystem auf. Die Kosmonauten versuchen rasch die Automatik auszuschalten, um das Raumschiff per Handsteuerung in die korrekte Ausrichtung relativ zu Sonne und Erde zu bringen und dann den Landepunkt per Hand in den Steuercomputer einzutippen. Zeitpunkt und Dauer der Bremszündung des dahin rasenden Raumschiffes müssen präzise durchgeführt werden, da jede Minute Verspätung den Landeort um fast 500 Kilometer verschiebt. Doch so rasch gelingt dies nicht, und so muss die Landung um eine Erdumkreisung verschoben werden. Während dieser 90 Minuten dreht sich die Erde unter der fix im Raum stehenden kreisförmigen Flugbahn langsam weiter, sodass es nun ein völlig anderes Landegebiet geben wird.

Die Raumfahrer erreichen nun den Funkbereich einer Bodenstation auf der Halbinsel Krim und hören die ruhige Stimme von Juri Gagarin, die Zuversicht und Herzlichkeit ausstrahlt. Er fragt, wo die Kapsel gelandet sei, wirkt aber keineswegs überrascht, als sie ihm von der gescheiterten Bremszündung erzählen. In der Bodenkontrolle macht sich nun Sorge breit, auch die Bremsung per Handsteuerung könnte misslingen. Die politische Führung befürchtet ein tragisches Ende der Expedition, und das sowjetische Radio und Fernsehen unterbricht auf Befehl von »oben« jegliche Berichterstattung über den Flug. Statt Unterhaltungsmusik wird nur noch feierliche Musik gesendet, unter anderem Mozarts Requiem.

Die Kosmonauten beschließen, ein Landegebiet westlich des Uralgebirges in der Region Perm anzusteuern. Leonow meldet das Gebiet zur Erde, erhält aber keine Antwort, da die Kapsel anscheinend schon den Funkbereich verlassen hat. Mühsam visieren sie durch das kleine Fenster den Erdhorizont an, um die Kapsel präzise auszurichten. Dann müssen sie sich rasch in die Sitze begeben, damit beim Zünden des Triebwerks der Kapselschwerpunkt stimmt und keine Drehbewegung entsteht.

Das Triebwerk zündet mit einem dröhnenden Geräusch. Mit zwei Stoppuhren messen die Männer die Sekunden und schalten dann wieder ab. Es ist nun völlig still. Eigentlich sollte der große Antriebsteil samt Triebwerk automatisch von der kugelförmigen Kosmonautenkapsel abgesprengt werden. Doch nichts passiert.

Die Kapsel erreicht mit ungeheurer Geschwindigkeit die obersten Schichten der Erdatmosphäre und wird durch die Luftreibung gewaltsam verlangsamt. Schwer wie eine Riesenfaust lastet die Bremsverzögerung auf Leonow und Beljajew. Doch sie drückt in die falsche Richtung! Normalerweise würden die Kosmonauten jetzt in ihre Spezialsitze gedrückt werden. Doch Leonow sieht durch das Kapselfenster entsetzt, dass sich der Antriebsteil des Raumschiffs noch immer nicht völlig von der kugelförmigen Kosmonautenkapsel getrennt hat, sondern an einem nicht abgelösten Datenkabel hängend nachgezogen wird.

Etwa 100 Kilometer über der Erdoberfläche zerreißt das verschmorte Kabel durch die Reibungshitze, und die Kapsel stabilisiert sich. Mit einem heftigen zweimaligen Ruck öffnen sich zuerst der kleine Bremsschirm und dann der große Hauptfallschirm.

Auf einmal wird es sehr dunkel. Leonow befürchtet, dass sie in eine Schlucht fallen, doch sie durchfliegen nur eine dichte Wolkendecke. Kurz vor dem Aufprall zündet das Landetriebwerk mit einem dröhnenden Geräusch, und das Raumschiff landet außerordentlich weich, nämlich in zwei Meter tiefem Schnee. Alexej Leonow und Pawel Beljajew sind wieder auf der Erde.

Einsam im Wald

Ein Positionsgerät gibt an, dass sie sich keineswegs westlich vom Uralgebirge befinden, sondern stattdessen 2000 Kilometer weiter östlich, irgendwo im tiefsten Sibirien. Offenbar hat der Zwischenfall mit dem nicht abgetrennten Antriebsteil ihre Flugbahn stark verändert.

»Was glaubst du, wie lange sie brauchen werden, um uns hier rauszuholen?«, sinniert Beljajew stirnrunzelnd. »Vielleicht drei Monate, wenn sie mit Hundeschlitten kommen«, grinst Leonow. [35] Er legt den Schalter um, der die Luke aufsprengt, damit sie aussteigen können. Es knallt zwar, und der Geruch von Schießpulver füllt die Kapsel, doch sie geht nicht auf. Die Kapsel lehnt, wie ein Blick durch das Fenster zeigt, gegen eine riesige Birke. Mit roher Gewalt gelingt es schließlich, die Luke ein Stück aufzudrücken und seitlich wegzuschieben, bis sie in den tiefen Schnee fällt.

Die Kosmonauten genießen den Geruch der frischen Waldluft. Allerdings ist es draußen eisig kalt. Doch die Erleichterung über die gelungene Rückkehr ist groß, und die beiden Männer umarmen einander vor Glück, wieder auf der Erde zu sein. Als sie aussteigen, versinken sie – so beschreibt es Leonow zumindest – bis zum Kinn im Schnee. Sie befinden sich in einem dichten, einsamen Wald, einer Taiga aus Fichten und Birken. Hoch oben, in vielleicht dreißig Meter Höhe, flattert in den Baumkronen der Bremsfallschirm. Die Kapsel ist außen immer noch heiß von der Luftreibung und schmilzt sich langsam in den tiefen Schnee hinein, bis sie den festen Waldboden erreicht.

GPS-Systeme gibt es natürlich noch nicht, und so messen die Männer mit einem Sextanten den ungefähren Breitengrad, der sich aus Tageszeit und Sonnenstand ableiten lässt. Der Längengrad wiederum lässt sich durch den Zeitpunkt von Sonnenhöchststand oder -untergang schätzen. Die Kosmonauten haben auch einen Notfall-Funksender dabei, dessen Signale von Suchflugzeugen angepeilt werden können.

Es beginnt zu schneien, und die beiden Männer ziehen sich wieder in die Kapsel zurück. Beide sind raues Klima gewöhnt, Leonow ist in Zentralsibirien aufgewachsen, er ist abgehärtet und hat das Gefühl, »beinahe alles aushalten zu können«. Und Beljajew ist schon als Kind viel durch die Wälder der Region Wologda nördlich von Moskau gestreift.

In der Bodenkontrollstation hat man keine Ahnung, wo sich die Kapsel befindet, und ob es zu einem Unglück gekommen ist oder nicht. Den letzten Funkkontakt hat es vor dem Eintauchen in die Erdatmosphäre gegeben. Sicherheitshalber werden die Familien »informiert«: Die Landung sei geglückt, die beiden Kosmonauten hielten sich in einem abgelegenen Landgut, einer Datscha, auf. Man könne an sie Briefe schreiben, die dorthin weitergeleitet würden.

Per Funk senden die Kosmonauten inzwischen Morsesignale. Wie sich später herausstellt, werden diese zwar nicht vom Flugkontrollzentrum gehört, dafür aber skurrilerweise von einer Funkstation auf der weit entfernten Halbinsel Kamtschatka in Nordostsibirien, sowie von einem Transportflugzeug, das zufällig die Gegend überfliegt. Letzteres leitet die Nachricht sofort weiter, was im riesigen Taiga-Waldgebiet eine große Suchaktion mit militärischen und zivilen Luftfahrzeugen auslöst.

Einige Stunden nach der Landung, am späten Nachmittag, taucht am Himmel ein Hubschrauber auf. Die beiden Männer arbeiten sich durch den tiefen Schnee bis zu einer kleinen Waldlichtung vor und winken, und sie werden entdeckt. Doch der Pilot hat keine Ahnung, was er tun soll. Im tief verschneiten, dichten Wald kann er nicht landen. Ratlos lässt die Helikopter-Besatzung eine Strickleiter hinunter, doch es ist den Kosmonauten unmöglich, in den klobigen Raumanzügen hinaufzuklettern.

Bald kreisen immer mehr Hubschrauber und Flugzeuge am Himmel, und es werden Stiefel aus Wolfsfell, warme Jacken, Hosen und eine Flasche Kognak abgeworfen. Letztere zerbricht beim Aufprall im Schnee, und die Kleidungsstücke bleiben hoch oben im Geäst der Bäume hängen. Aber zumindest die Stiefel erreichen die beiden Männer.

Langsam wird es dunkel, zeitweise kommt ein beißender Wind auf. Die Temperatur sinkt auf minus 30 Grad ab, auch bei Windstille ist ein leises Knacken der Äste zu hören, was dem in Sibirien aufgewachsenen Leonow sehr vertraut ist. Da die massive Luke zu schwer ist, um sie wieder einzusetzen, muss die Kapsel über Nacht offen bleiben.

Am nächsten Morgen fliegt ein Flugzeug mit aufheulenden Motoren niedrig über den Wald. Die Kosmonauten erfahren später, dass der Pilot versucht hat, ein Rudel Wölfe zu vertreiben. Dann erscheint zwischen den Bäumen ein Bergungstrupp auf Langlaufskiern, mit einheimischen Führern, zwei Ärzten, einem Kosmonauten und einem Kameramann, der sofort beginnt, alles zu filmen. Sie alle haben einen stundenlangen Anmarsch auf Skiern hinter sich, da im dichten Wald kein Helikopter landen kann. Ein zweites Rettungsteam beginnt, in einiger Entfernung Bäume zu fällen und einen Hubschrauberlandeplatz freizuschlagen. Gleichzeitig wird aus den Baumstämmen eine kleine Blockhütte gebaut. Über einem Feuer bereitet man heißes Wasser fürs Waschen, und es gibt Käse, Wurst und Brot.

Dann wird es wieder Nacht. Noch immer ist der Landeplatz nicht ganz fertig, aber die Nacht in der improvisierten Blockhütte verläuft weitaus angenehmer als die erste in der offenen Kapsel.

Am nächsten Morgen wandern die Kosmonauten auf Skiern etwa neun Kilometer zu der neu angelegten Waldlichtung, wo ein Hubschrauber auf sie wartet. Sie werden in die Stadt Perm geflogen, von wo sie ein Flugzeug zum Kosmodrom Tyuratam bringt. Koroljow und Gagarin begrüßen sie äußerst herzlich, schauen aber irgendwie belustigt drein. Bald wird klar, warum: Es ist ein milder, sonniger Frühlingstag mit warmen 18 Grad Celsius. Leonow und Beljajew sind jedoch noch immer eingehüllt in Winterjacken, Polarmützen und Wolfsfell-Stiefel.

Laut offizieller sowjetischer Darstellung ist der Raumflug perfekt und ohne Zwischenfälle verlaufen. Erst Jahrzehnte später werden die geschilderten Details bekannt und machen deutlich, welch mutige und eindrucksvolle Persönlichkeiten das frühe russische Raumflugprogramm geprägt haben.

3 Geheimprojekt Mond

Januar 1966: Koroljow stirbt

Anfang 1966 wird das sowjetische Raumfahrtprogramm zutiefst erschüttert: Chefkonstrukteur Sergej Koroljow stirbt völlig überraschend bei einer relativ harmlosen Operation. Erst jetzt, nach seinem Tod, wird das Geheimnis um seinen Namen, seine Identität gelüftet, und beim feierlichen Staatsbegräbnis an der Kremlmauer erinnert Juri Gagarin, dass Koroljow mit einer ganzen Epoche der Menschheitsgeschichte verknüpft sei – mit dem ersten künstlichen Satelliten Sputnik, mit den ersten Raumsonden zum Mond und zu den Planeten, mit den ersten Flügen von Menschen in den Weltraum, und mit dem ersten Ausstieg eines Menschen ins freie All.

Rivalitäten zwischen verschiedenen Konstruktionsbüros im Bereich der Raumschiff- und Raketenproduktion hemmen in den folgenden Jahren die weitere Entwicklung der russischen Weltraumfahrt. Bis zum Ende der 60er Jahre starten nur wenige Kosmonautenflüge. Als ab 1971 Raumstationen in eine Erdumlaufbahn geschossen werden, behauptet die Sowjetunion, sie habe niemals bemannte Flüge zum Mond angestrebt.

Doch da gibt es einige Dinge, die höchst merkwürdig sind. US-Spionagesatelliten fotografierten in den Jahren 1968 und 1969 eine ungeheuer große Rakete am Startgelände von Tyuratam. Anhand des langen Schattens konnte der Geheimdienst CIA errechnen, dass sie der riesigen NASA-Mondrakete Saturn 5 ähnelte. Die Fotos waren damals allerdings so geheim, dass selbst Kongressabgeordnete nur mündlich davon erfuhren, die Bilder selbst jedoch nicht sehen durften. Überdies schickte die Sowjetunion Ende der 60er Jahre seltsame große Flugobjekte namens »Zond« in einer Schleifenbahn zum Mond und wieder zurück.

1984 analysierte der Fachjournalist und Historiker Peter Pesavento in der US-Zeitschrift »Astronomy« den damaligen Wissensstand, der vor allem auf inoffiziellen Gesprächen beruhte. 1967 erwähnte ein gewisser Herr Orbastow, Mitglied der sowjetischen Akademie der Wissenschaften, beiläufig, der nächste sowjetische Meilenstein der Weltraumfahrt werde eine Umfliegung des Mondes sein, gefolgt von einer Landung von Kosmonauten auf dem Mond. Und im Mai 1967 plauderten die NASA-Astronauten Michael Collins und David Scott bei der Pariser Luftfahrtausstellung mit den Kosmonauten Feoktistow und Beljajew, wobei Beljajew von einem Helikopter-Training erzählte, das den Abstieg zur Mondoberfläche simulieren solle. Er, Beljajew, werde in nicht allzu ferner Zukunft den Mond umfliegen, teilte er den staunenden NASA-Astronauten mit.

Und schließlich gab es noch einen CIA-Bericht über eine geheimnisvolle, gewaltige Explosion am sowjetischen Weltraumbahnhof Tyuratam. Sie sei anscheinend wenige Tage vor dem Start der NASA-Mondlandemission Apollo 11 erfolgt, und man habe vom All aus genau dort einen Trümmerhaufen fotografiert, wo zuvor die Startrampe der russischen Riesenrakete gestanden war.

Die Öffnung der Archive in den 1990er Jahren

Nach dem Ende der Sowjetunion wurden bisher verborgene Aspekte der russischen Raumfahrtgeschichte mehr oder weniger zögernd zugänglich gemacht. In einigen Fällen, etwa beim sowjetischen Mondprogramm, dauerte es allerdings viele Jahre, bis ein einigermaßen stimmiges Bild gezeichnet werden konnte. Details, die in den militärischen Bereich hineinreichen, sind zum Teil noch heute geheimnisumwittert.

Der Beginn der 90er Jahre, das Tauwetter in den Ost-West-Beziehungen, war eine spannende Zeit. Da passierte es etwa, dass zwei hochrangige US-Wissenschaftler zu Besuch bei Kollegen in Moskau waren. Sie wurden unter anderem zu einer der großen Raumschifffabriken geführt, die bis dahin streng geheim waren. Völlig unvorbereitet erblickten die beiden staunenden Amerikaner in einer abgelegenen Halle ein viele Meter hohes, auf vier Beinen stehendes Raumschiff: eine echte, einst flugtaugliche sowjetische Mondlandefähre. Mit ihr hätte der Kosmonaut Alexej Leonow oder einer seiner Kameraden einst am Mond landen sollen. Ein Foto von der Begegnung mit dieser Mondlandefähre LK (*Lunij Korabl*) fand kurz darauf den Weg in die Zeitschrift »Science«.

Der Mond – Eine Welt voller Geheimnisse

Weshalb überhaupt Mondflüge? Immer wieder wird behauptet, bemannte Mondflüge seien ausschließlich eine Prestigeangelegenheit, das Apollo-Programm habe wissenschaftlich nichts gebracht, und der Mond sei inzwischen »fertig untersucht«. Angesichts gegenwärtiger Pläne von NASA, Europäern und Russen, nach dem Jahr 2020 möglicherweise wieder Menschen zum Mond zu schicken, stellt sich die Frage, ob solch teure Flüge tatsächlich wissenschaftlich wertlos sind.

Tatsächlich ist das Gegenteil der Fall. Der Mond ist eine Welt voller Geheimnisse, ein äußerst merkwürdiger Ort. Der Großteil seiner Oberfläche ist uralt. Auf der Erde hat die Verschiebung der Kontinente dazu geführt, dass weite Bereiche der Erdkruste erst in den vergangenen paar hundert Millionen Jahren erstarrt sind oder von Wind und Wasser abgelagert wurden. Druck und Temperatur haben viele Gesteine verändert, und es gibt kaum noch Gesteinsablagerungen, die aus jener Zeit der frühen Erde stammen, in der die ersten Lebensformen entstanden. Der Mond hingegen besitzt eine uralte Gesteinskruste, die nur ganz am Anfang durch ungeheure Einschläge von monströsen Asteroiden verändert wurde. Die verschiedenen Gesteine des Mondes erzählen daher von jener frühen Zeit vor 3 bis 4 Milliarden Jahren, als aufgrund jener Einschläge flüssiges Lavagestein ausgetreten ist und die großen Lava-Ebenen (Mare) des Mondes gebildet hat.

Besonders faszinierend ist der Gedanke, man könnte auf der Mondoberfläche eines Tages Gestein von anderen Planeten und von der frühen Erde finden, wie mir Bernard Foing, führender Mond-Experte der Europäischen Weltraumagentur ESA, in einem langen Telefongespräch erzählte. Es gilt als gesichert, dass schnelle, schräg auftreffende Meteoriten am Mond, auf der Erde oder auf anderen Planeten Gesteinsbrocken bis ins Weltall hinausschleudern können. Irgendwann, nach einer Millionen Jahre dauernden

Reise im All, fallen manche dieser Brocken auf einen anderen Himmelskörper. Tatsächlich wurden auf der Erde Gesteinsbrocken entdeckt, die eindeutig vom Mond stammen, sowie andere, die als Marsgestein identifiziert wurden (SNC-Meteoriten). Gefunden wurden diese Brocken vor allem in der Antarktis und in der Wüste, weil sie dort eher auffallen als in dicht bewaldetem Gebiet. Ihre Herkunft vom Mond oder Mars lässt sich durch die Summe verschiedener Merkmale beweisen: Durch die Meteoriten-Schmelzkruste, das späte Erstarrungsalter (beim Mars), die Element- und Isotopenzusammensetzung und manchmal durch Gaseinschlüsse, die der Marsatmosphäre entsprechen.

Kometeneis und Spuren aus der Zeit, als das Leben entstand

Auf dem Mond könnten wir also möglicherweise Gesteinsbrocken von anderen, viel weiter entfernten Himmelskörpern finden und dann auf der Erde genauer untersuchen. Für das Auffinden solcher Steine ist jedoch das geschulte Auge eines Geologen nötig. Automatische Sonden würden hier höchstwahrscheinlich versagen.

Nicht nur Steinbrocken, auch Kometen stürzen gelegentlich auf den Mond. Wenn dessen Oberfläche in der Gluthitze des 14-tägigen Mondtages kochend heiß wird, verdampft dieses Kometeneis sehr rasch und bildet erst in der zweiwöchigen eiskalten Mondnacht wieder eine neue Eiskruste, eventuell an einer anderen Stelle. Am Grund tiefer Krater in den Polarregionen des Mondes herrscht jedoch ewige Dunkelheit und Kälte. Denkbar ist, dass sich dort seit Millionen von Jahren Kometeneis abgelagert hat. Dieses geheimnisumwitterte Material mit seinen vielen, wohl auch organischen Beimengungen könnte vor Ort untersucht oder zur Erde gebracht und in Labors genau analysiert werden.

Besonders faszinierend ist der Gedanke, dass im Staub der Mondoberfläche Meteoriten liegen könnten, die von der frühen Erde stammen, aus jener Zeit, als das irdische Leben entstanden ist. Sie könnten uns Einzelheiten über die damaligen Lebensbedingungen schildern, vielleicht enthalten sie sogar chemische oder fossile Spuren der frühesten irdischen Lebewesen.

Zusammenprallende Planeten und Berge, die sekundenschnell entstehen

Seit einigen Jahren gilt es als relativ wahrscheinlich, dass der Mond bei einer ungeheuren Kollision entstanden ist, als ein »kleiner« (hunderte oder tausende Kilometer großer) Planet mit der Erde zusammenstieß. (Im Vergleich dazu war der Einschlag eines rund 10 Kilometer großen Asteroiden am Ende der Saurier-Zeit geradezu harmlos.)

Große Gesteinsmassen der Erde vermischten sich damals, vor mehr als vier Milliarden Jahren, mit jenen des Mini-Planeten und bildeten den Mond. Die Entstehung in einer Kollision erklärt, warum unser Mond nicht in der Ebene des Erdäquators um die Erde kreist. Alle größeren Monde der anderen Planeten (auch der Plutomond Charon) kreisen in der jeweiligen Äquatorebene um diese Planeten, weil sie gemeinsam mit ihnen aus einem sich drehenden Staubwirbel entstanden sind. Unser Mond ist jedoch eine sonderbare Ausnahme: Statt in der Ebene des Erdäquators wandert er ungefähr in der Ebene des Sonnensystems (Tierkreiszeichen-Ebene), jener Ebene also, in der die Erde und all die anderen Planeten um die Sonne kreisen – wie es einst wohl auch jener geheimnisvolle kleine Planet tat, bei dessen Aufprall unser Mond entstand.

Auch die Gebirge auf dem Mond geben uns Rätsel auf. Auf der Erde dauerte es viele Millionen Jahre, bis sich die Berggipfel bis in schneebedeckte Höhen auftürmten. Der afrikanische Kontinent (samt der »adriatischen Platte« in Italien) drückt auf Europa und bewirkte eine ganz langsame Auffaltung der Alpen, deren Berggipfel sich noch immer um etwa einen Millimeter pro Jahr heben. In ähnlicher Weise wandert Indien, von Australien kommend, seit 130 Millionen Jahren mit rund 20 Zentimeter pro Jahr nach Norden und drückt bei der Kollision mit Asien das Himalaya-Gebirge millimeterweise in die Höhe. Die großen Mondgebirge sind jedoch in wenigen Sekunden (!) entstanden. Als vor Milliarden von Jahren ein riesiger, am Mond auftreffender Asteroid das mehr als tausend Kilometer große (!) Imbrium-Becken erzeugte, schoben sich binnen weniger Sekunden rundherum kilometerhohe Mondgebirge in die Höhe und blieben in den Milliarden Jahren seither fast unverändert.

Ob es auf dem Mond nur in der Frühzeit, vor Milliarden von Jahren, Vulkanismus gab, oder ob vulkanische Ereignisse auch in den letzten paar Millionen Jahren, vielleicht sogar heute noch stattfinden, ist nicht klar. Bemerkenswert sind jedenfalls riesige Rillen von mehreren Kilometern Breite und zig Kilometern Länge, die sich in Windungen über die Mondoberfläche erstrecken. Möglicherweise flossen darin vor sehr langer Zeit Lavaströme.

Seit Jahrhunderten beobachten Astronomen am Mond gelegentlich geheimnisvolle, schwache Leuchterscheinungen (Lunar Transient Phenomena). Schon im Jahr 1178 sahen mehrere Mönche im englischen Canterbury ein solch seltsames Phänomen, ebenso der berühmte Astronom William Herrschel im Jahr 1787. Auch in jüngster Zeit wurden solche Erscheinungen dokumentiert (http://www.ltpresearch.org/). Sie sind vor allem in der Nähe großer Krater sichtbar und könnten von vulkanischen Gasen stammen, die aus dem Mondinneren austreten. Einzelne Lichtblitze werden vielleicht auch durch Meteoriteneinschläge verursacht.

Noch einen Grund gibt es, warum der Mond für die Wissenschaft interessant ist: Viele kosmische Objekte geben Radiostrahlung ab, die uns von den Vorgängen weit draußen im All berichtet. Deren Beobachtung wird aber durch das gewaltige Durcheinander irdischer Radiowellen stark beeinträchtigt. Nur ein Ort ist – was irdische Signale betrifft – totenstill: die Rückseite des Mondes. Ein Radioteleskop könnte dort faszinierende Beobachtungen machen.

Als NASA-Astronauten einst mit ihrem Mondauto durch ein einsames, von Bergen eingerahmtes Tal fuhren, umgeben von einer fremdartigen Landschaft und unter einer gleißend hellen Sonne am schwarzen Himmel in einer geräuschlosen Welt, da war es für sie ein eigenartiges Gefühl, dass sie die einzigen Lebewesen auf diesem großen Himmelskörper seien. Alle anderen Menschen befanden sich auf dieser blauen Kugel, die hoch am Himmel stand und 384.000 Kilometer entfernt war. Ihre Stiefelabdrücke und die Reifenspuren des Mondautos würden wohl noch in Millionen von Jahren im Sand des Mondes sichtbar bleiben, da kein Wind oder Regen sie jemals zerstört.

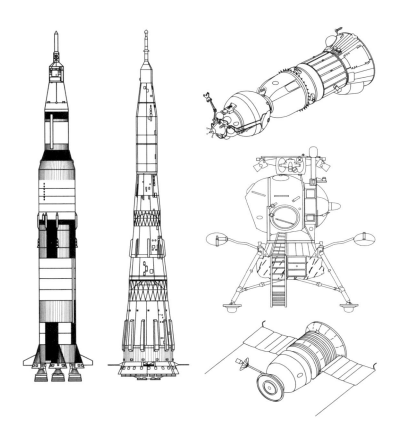

Abbildung 6: Die sowjetische Mondrakete N-1 (Mitte) neben der Saturn-5 der NASA. Rechts oben: Das LOK-Mondsojus ähnelte einem heutigen Sojus-Raumschiff. Rechts Mitte: Die sowjetische LK-Mondlandefähre bot nur einem Kosmonauten Platz. Rechts unten: Das für eine Mondumfliegung gedachte Zond-Raumschiff entsprach einem Sojus-Schiff ohne kugelförmigem Orbitalteil. (Größenverhältnisse nicht maßstabsgetreu)

1961: Mondflug-Gespräche in Wien

Als US-Präsident John F. Kennedy im Mai 1961 in seiner berühmten Rede das Land dazu aufrief, bis zum Ende des Jahrzehnts einen Menschen auf die Mondoberfläche und wieder zurück zu bringen, war dies ein tollkühner Plan, denn es war nur ein Monat seit dem ersten kurzen Flug Juri Gagarins vergangen.

Einen Monat später, im Juni, schlug Kennedy dem Sowjetführer Nikita Chruschtschow bei einem Gipfeltreffen in Wien ein amerikanisch-russisches Gemeinschaftsprojekt einer bemannten Mondlandung vor. Wie Chruschtschows Sohn Sergej heute zu berichten weiß, verhinderten die sowjetischen Militärs den Plan, da die USA bei einer engen Zusammenarbeit wohl bald erkannt hätten, dass es die vom US-Militär behauptete »gewaltige sowjetische atomare Übermacht« überhaupt nicht gab. Ab dem Jahr 1964 verfolgte die Sowjetunion jedoch eigene Pläne für ein bemanntes Mondprogramm.

Sowjetische Mondflugkonzepte

Im September 1963 entwarf Sergej Koroljow ein weitreichendes Konzept zur Erforschung des Mondes. Erst im August 1964 (viel später als in den USA) gab es dafür von politischer Seite grünes Licht, wobei auch Elemente des konkurrierenden Konstruktionsbüros von Wladimir Tschelomei einbezogen wurden, etwa dessen Proton-Rakete. Das Programm umfasste eine bemannte Mondumfliegung in einer Schleifenbahn (Projekt L1, Proton-Rakete, »Zond«-Kosmonautenkapsel), ein ferngesteuertes Fahrzeug zur Erforschung der Mondoberfläche (Projekt

L2, »Lunochod«-Mondauto), die Landung von Kosmonauten auf dem Mond im Jahr 1967 oder 1968 (Projekt L3, Mondrakete N1, Sojus-Raumschiff »LOK«, Mondlandefähre »LK«), sowie Missionen im Mondorbit (L4) und verbesserte Mondautos (L5).

Für die Mondlandung »L3« war folgendes Szenario vorgesehen: Zwei Kosmonauten starten nicht mit der bewährten mittelgroßen Sojusrakete »R-7«, sondern mit der geplanten Riesenrakete »N1«. An deren Spitze befinden sich ein für Mondflüge speziell ausgerüstetes LOK-Sojus-Schiff (russisch *Lunniy Orbitalny Korabl*, »Mond-Umlaufbahn-Raumschiff«) mit den Kosmonauten, sowie eine sogenannte Block-D-Antriebsstufe und eine LK-Mondlandefähre (*Lunniy korabl*, »Mond-Raumschiff«).

Hoch über der Mondoberfläche fliegend, sollte einer der beiden Kosmonauten im Raumanzug außen an der Raumschiffhülle vom LOK-Sojus hinüber zum LK-Mondlander klettern und dort einsteigen, da keine Verbindungsluke zwischen den Raumschiffen geplant war. Mit dem LK-Lander würde der eine Kosmonaut am Mond landen, während der andere im LOK-Mondsojus in der Umlaufbahn wartet. Für einen dritten Kosmonauten reichte die Schubkraft der N1-Mondrakete nicht aus, da ein Start vom nördlicher gelegenen russischen Startgelände mehr Treibstoff verbraucht als ein Start der NASA-Saturn-5-Mondrakete vom südlicher gelegenen Cape Canaveral. (Nahe dem Äquator gibt die Erddrehung der Rakete sozusagen einen zusätzlichen »Schubs«, sodass weniger Treibstoff benötigt wird.)

Nach der Arbeit auf der Mondoberfläche würde der Kosmonaut starten und hoffen, dass die Kopplung mit dem LOK-Sojus gelingt. Wieder würde es eine Kletterei außen am Raumschiff geben, danach einen gemeinsamen Rückflug zur Erde.

November 1966: Kosmos 133 – Ein Raumschiff verschwindet spurlos

Unter strengster Geheimhaltung ist Mitte der 60er Jahre ein neuartiger Raumschifftyp entwickelt worden, der drei Personen Platz bietet, die Umlaufbahn verändern kann und in einer speziellen Version auch zum Mond fliegen soll. Später wird er den Namen »Sojus« tragen. Vorne befindet sich die kugelförmige Orbitalsektion, die viel Platz bietet, in der Mitte die enge, glockenförmige Landekapsel, und hinten der zylindrische Antriebsteil mit Triebwerk und technischen Systemen. Nur die Landekapsel kehrt am Fallschirm zur Erde zurück, die beiden anderen Teile werden vorher abgetrennt und verglühen.

Im November 1966 laufen am Startgelände Tyuratam die Vorbereitungen für den ersten unbemannten Testflug. 24 Stunden später soll ein identisches zweites Exemplar von einer zweiten Startrampe aus starten und oben im Weltraum an das erste Schiff ankoppeln. Solche mit atemberaubender Geschwindigkeit verlaufende Andockmanöver sind wie erwähnt Voraussetzung für das Mondflugprogramm.

General Nikolai Kamanin, der Leiter der Kosmonautenausbildung, schreibt an diesem 28. November 1966 in sein Tagebuch: »Mehr als vier Jahre warten wir nun auf diesen Augenblick. An den beiden Starts heute und morgen hängt die Zukunft unseres Raumfahrtprogramms. Alle unsere Mondraumschiffe basieren auf dem Raumschifftyp Sojus.« [32] Die Tagebücher von Kamanin sind nach dem Ende des Kommunismus in den 90er Jahren publiziert worden und bilden eine unschätzbar wertvolle Informationsquelle.

Dann ist es so weit: Flammen schlagen aus dem Heck der Rakete, Rauchwolken quellen nach der Seite, und die Rakete steigt langsam in die Höhe. Nach rund acht Minuten befindet sich das erste, unbemannte Sojus-Raumschiff in einer Flugbahn um die Erde. Die Nachrichtenagentur TASS berichtet nur, dass ein »Satellit ›Kosmos 133‹ ins All gebracht worden ist«. Mit der Bezeichnung »Kosmos« wurden zu Sowjetzeiten alle nur denkbaren Flugobjekte getarnt: Spionagesatelliten, fehlgeschlagene Marssonden, Testmodelle von Raumfähren, kleine Forschungssatelliten und sogar ganze Raumstationen, die wegen eines Defekts nicht in Betrieb genommen werden konnten.

Doch schon kurz nach dem Erreichen der Erdumlaufbahn gibt es Probleme mit dem Sojus-Schiff: Die Stabilisierungsdüsen haben viel Treibstoff verbraucht, eine Koppelung ist unmöglich, der Start des zweiten Raumschiffs wird daher abgesagt. Der Treibstoffmangel der Lagesteuerungsdüsen gefährdet allerdings auch die Zündung des großen Bremstriebwerks: Falls das Raumschiff zu diesem Zeitpunkt falsch ausgerichtet ist, kann es mit rasender Geschwindigkeit steil in die Atmosphäre eindringen und verglühen, oder aber auf den obersten Luftschichten flach auftreffen und abprallen wie ein Stein auf einer Wasserfläche.

Tatsächlich geht am 30. November bei der Bremszündung irgendetwas schief. Beim Abstieg durch die Atmosphäre hoch über der Stadt Orsk verschwindet die Raumkapsel von den Radarschirmen. Tagelang suchen Hubschrauber das große Gebiet zwischen Aktyubinsk und Semipalatinsk ab (Letzteres ist durch sein Atombombentestgelände berühmt-berüchtigt), doch die Kapsel bleibt verschollen. Bahnberechnungen lassen schließlich vermuten, dass sie in Wirklichkeit weit über China hinaus flog und irgendwo in den Weiten des Pazifiks niederging.

Dezember 1966: Techniker flüchten vor der explodierenden Rakete

Statt einer komplizierten Kopplung will man nun einen einfacheren, normalen Sojus-Testflug durchführen. Das zweite Raumschiff ist ja schon flugbereit, und die bei Kosmos 133 aufgetretenen Defekte können rasch gefunden und beseitigt werden.

Am 14. Dezember 1966 nachmittags verbleiben nur noch wenige Sekunden bis zum Start. Die Triebwerke zünden, werden jedoch vom Bordcomputer aus unbekannten Gründen sofort wieder abgeschaltet. Riesige Mengen an Wasser werden versprüht, um Brände zu verhindern, falls Treibstoff oder dessen Dämpfe austreten. Als die Brandgefahr gebannt ist, fährt ein Spezialistenteam samt Chefkonstrukteur Wassili Mischin zum Startgerüst, um zu klären, was los ist. Die riesigen Stahlarme des Startgerüsts schwenken herauf, um die Rakete wieder zu fixieren. Plötzlich gibt es einen Knall, und die kleine Rettungsrakete an der Spitze der großen Sojus-Rakete zündet ihr Triebwerk. Etliche Techniker befinden sich dicht neben der voll getankten Rakete, als oben die Schutzhülle abgesprengt und die Sojus-Kapsel von der Rettungsrakete in die Luft geschleudert wird.

Dabei kommt es zu einer Störung in der mit Treibstoff gefüllten obersten, dritten Raketenstufe. Ihr Triebwerk zündet, es herrscht höchste Explosionsgefahr. Die Techniker rennen um ihr Leben in Richtung des nächstgelegenen Bunkers, und tatsächlich geschieht das Unfassbare: Etwa zwei Minuten später explodiert die gesamte Sojus-Rakete in einem riesigen Feuerball und zerstört den Startplatz. Wie durch ein Wunder gibt es nur ein einziges Todesopfer, viele Techniker werden jedoch mehr oder weniger schwer verletzt.

In den USA bekommt man von all diesen Vorgängen wenig mit. Aber auch die NASA muss erkennen, dass neuartige Raumschiffsysteme mitunter gefährlich sind: Wenige Wochen später, im Januar 1967, ersticken drei NASA-Astronauten bei einem Brand in einer Apollo-Kapsel.

Februar 1967: Kosmos 140 – Ein Sojus-Raumschiff versinkt im Aral-See

Bei eisigen minus 22 Grad Celsius und Sturmböen bis zu 80 Kilometer pro Stunde startet am 7. Februar 1967 ein neues unbemanntes Sojus-Raumschiff. Es bekommt die Tarnbezeichnung »Kosmos 140«, westliche Geheimdienste versuchen mittels Radar anhand der Flugmanöver herauszufinden, worum es sich bei dem Objekt handelt.

Wieder gibt es Probleme, ein defekter Sonnensensor verhindert die Ausrichtung der Solarzellen auf die Sonne, was zu Energiemangel führt. Tags darauf wird daher eine verfrühte Landung eingeleitet. Nach dem Öffnen der Fallschirme versagen allerdings die Funksender zur Ortung der Kapsel. Sie ist, so scheint es, in der Nähe des Aral-Sees niedergegangen, doch es dauert vier Stunden, bis Suchhubschrauber das Raumschiff sichten. Es liegt auf dem Eis des zugefrorenen Aral-Sees, wo eine Hubschrauberlandung schwer möglich ist.

Als Bergungsteams Stunden später vor Ort eintreffen, ist kein Landeapparat mehr zu sehen: Er ist inzwischen im Eis eingebrochen und liegt in zehn Metern Wassertiefe auf dem Seegrund. Bald wird er von Tauchern geortet, für einen Hubschraubertransport ist die wassergefüllte Kapsel jedoch zu schwer. Mühsam gelingt eine Bergung mit einem Schwerlasthelikopter, der sie durch Eis und Wasser ans Ufer zieht.

Von der Superbombe zur Mondexpedition: Die Proton-Rakete

Schon seit 1966 trainiert eine Kosmonautengruppe im Geheimen für Raumflüge, die in einer Schleifenbahn zum Mond und hinter seiner Rückseite vorbei wieder zur Erde zurück führen sollen.

Für diese Expeditionen sind große Raketen des Typs »UR-500« vorgesehen, die heute »Proton« genannt werden und einen einigermaßen merkwürdigen Ursprung haben.

Im Oktober 1961 zündete die Sowjetunion in der Atmosphäre hoch über der arktischen Insel Nowaja Semlja die größte Kernwaffe, die es jemals gab, eine acht Meter lange und 27 Tonnen schwere Atombombe. Da ein Transport einer solchen Bombe mittels Flugzeug nach New York schwierig schien, befahl die Sowjetführung den Bau einer enorm starken Interkontinentalrakete – eben jener UR-500. Als Leonid Breschnjew 1964 an die Macht kam, stoppte er das Riesen-Atombombenprojekt. Die UR-500/Proton bekam stattdessen eine neue Aufgabe: Raketenkonstrukteur Tschelomei überzeugte den Kreml, dass man mit ihr kleine, bemannte Raumschiffe rund um den Mond schicken könnte.

Genau das ist nun, im März 1967, geplant: Ein vorerst unbemanntes, modifiziertes Sojus-Raumschiff (»Zond«), dem zwecks Gewichtseinsparung die vordere kugelförmige »Orbitalsektion« fehlt, soll hunderttausende Kilometer weit ins All fliegen, um das System zu erproben.

März 1967: Kosmos 146 – Ein Raumschiff fliegt in die Tiefen des Weltraums

Mit dröhnenden Motoren ziehen schwere Diesellokomotiven eine waagrecht liegende Proton-Rakete samt Zond-Raumschiff auf Schienen zum Startplatz. Wie in Russland üblich, wird die Rakete erst vor Ort hydraulisch in eine senkrechte Position gebracht. An der Spitze des 44 Meter hohen Ungetüms befindet sich das Raumschiff, sowie ganz oben eine Rettungsrakete für Notfälle.

Als Jahrzehnte später ein Foto einer solchen Zond-Proton-Rakete versehentlich in den Westen durchsickert, erkennen Experten anhand der Rettungsrakete sofort, dass mit diesem Raumschiff Kosmonautenflüge geplant waren. Die Proton war wegen ihrer militärischen Wurzeln übrigens so geheim, dass ihr Aussehen bis 1984 im Westen unbekannt war.

Nun soll das Zond-Raumschiff und die Block-D-Antriebsstufe getestet werden, man will bis zu einem »gedachten« Mond fliegen, weil dieser gerade an einer »falschen« Stelle der Umlaufbahn steht. Am 10. März 1967 gelingt ein erfolgreicher Start, und die Block-D-

Abbildung 7: Auf einem Waggon wird eine Protonrakete samt Zond-Raumschiff zur Startrampe gebracht, um zum Mond zu fliegen. Die Rettungsrakete links oben mit den vielen Triebwerksdüsen lässt erkennen, dass auch bemannte Mondflüge geplant waren. (1968)

Stufe schießt das Test-Raumschiff tatsächlich weit ins All hinaus. Landung ist keine geplant, offiziell wird nur von einem Objekt »Kosmos 146« berichtet.

April 1967: Sojus 1 – Ein Kosmonaut stürzt zur Erde

Parallel zum Zond-L1-Mondprogramm wird unter dem Zeitdruck des Ost-West-Wettlaufs an Vorbereitungen für die erste bemannte Sojus-Mission gearbeitet. Obwohl bei unbemannten Testflügen beunruhigend viele Pannen aufgetreten sind, fällt nach Beseitigung der Defekte die verhängnisvolle Entscheidung, schon beim nächsten Flug einen Kosmonauten zu starten.

Anstatt sich auf eine Erprobung des Raumschiffes zu beschränken, plant man zusätzlich eine Koppelung und einen Ausstieg ins freie All. Sojus 1 soll mit Wladimir Komarow starten, einen Tag später Sojus 2 mit den Kosmonauten Bykowski, Jelissejew und Chrunow. Zwei Kosmonauten sollen dann in Raumanzügen ins freie All aussteigen und zum anderen Raumschiff hinüberklettern. Ausbildungsleiter Kamanin schreibt in sein Tagebuch, eine entscheidende Mission stehe bevor, die sein Land wieder an die Spitze der Weltraumfahrt führen und den Weg zur »Eroberung« des Mondes ebnen werde.

Am 23. April 1967 startet Komarow in den Weltraum. Eine halbe Stunde später wird seiner Frau telefonisch mitgeteilt, dass sich ihr Mann im All befindet. Die Flüge waren damals so geheim, dass anscheinend nicht einmal sie von den Startvorbereitungen ihres Mannes gewusst hat.

Abbildung 8: Wladimir Komarow mit seiner Tochter Irina. 1967 testete er als erster Kosmonaut das neue Sojus-Raumschiff, bei der Landung versagte das Fallschirmsystem. (Foto von 1964)

Einer der beiden Solarzellenflügel des Raumschiffs klemmt, was zu einer gravierenden Energieknappheit führt. Ein defekter Sternensensor behindert außerdem die korrekte Lageausrichtung. Die Startvorbereitungen für Sojus 2 werden daraufhin abgebrochen, und man beschließt, Komarow möglichst bald zur Erde zurückzuholen. Der Kosmonaut berichtet noch über eine erfolgreiche Bremszündung und taucht dann in die dichteren Atmosphärenschichten ein, wo das durch die Reibung verursachte glühende Plasma einen Funkkontakt unmöglich macht.

Mittlerweile fliegen Suchhubschrauber über die endlose Steppe, es ist ein strahlend schöner Frühlingsmorgen. Plötzlich sehen sie von Ferne etwas Dunkles, fliegen hin und landen etwa 100 Meter neben den Trümmern des Raumschiffs. Dieses ist von dichtem, schwarzem Rauch umgeben, innen lodert ein heftiges Feuer, das Metall ist teilweise geschmolzen. Verzweifelt versuchen die Männer, die Flammen mit Feuerlöschern zu ersticken.

Da Unglücksfälle möglichst geheim bleiben sollen, teilen die Helikopterpiloten per Funk nur kryptisch mit, das »Objekt« sei gefunden worden, der »Kosmonaut benötige dringende medizinische Betreuung«. Bald werden alle Nachrichtenverbindungen von den Kommandanten in der Region unterbrochen, sodass nicht einmal die staatliche Raumfahrtkommission in Moskau weiß, was eigentlich los ist. Als Kamanin 90 Minuten später beim Wrack der Kapsel eintrifft, brennt dieses noch immer.

Bewohner der umliegenden Dörfer haben das Raumschiffwrack noch vor dem Eintreffen der Helikopter mit Erde beworfen, um das Feuer einzudämmen. Kamanin ordnet an, die Erde zu entfernen und im Wrack nach Komarow zu suchen. Erst nach rund einer Stunde werden seine Reste gefunden, der Kosmonaut ist durch den Aufprall der Kapsel getötet worden und anschließend in den Flammen verbrannt.

Spätere Untersuchungen zeigen, dass eine klebrige Wärmeisolierung in den Fallschirmbehälter eingedrungen war, und dass man diesen außerdem zu klein konzipiert hatte. Im Vakuum des Weltraums hatte die unter Druck stehende Kosmonautenkabine den Behälter noch stärker zusammengepresst. Daher schaffte es der kleine Pilot-Fallschirm später nicht, den großen Hauptfallschirm herauszuziehen. Auch der Reservefallschirm versagte, da er durch den im Wind baumelnden Pilot-Fallschirm behindert wurde. Die Kapsel mit dem Kosmonauten raste mit 35 bis 50 Metern pro Sekunde zur Erde und schlug praktisch ungebremst am Boden auf. Das Feuer beim Aufprall entstand durch die Explosion der Bremstriebwerke.

Beim unbemannten Sojus-Kosmos 140 war dieser Fehler nicht aufgetreten, weil der Innendruck der Kabine wegen einer Panne geringer war und man für die Aufbringung der klebrigen Wärmeisolierung eine andere Methode verwendet hatte. Wäre Sojus 2 gestartet, hätten drei weitere Kosmonauten ihr Leben verloren.

Am 26. April 1967 wurden die Überreste von Wladimir Komarow in einer großen Trauerfeier an der Kremlmauer beigesetzt. Bei bemannten Flügen hat seither nie wieder ein Fallschirm versagt.

Herbst 1967: Testflüge

Auch die ähnlich gebauten Zond-Raumschiffe mussten umgebaut werden, und so wurde erst nach dem Sommer ein weiteres Zond-Schiff auf den Start vorbereitet. Erstmals wollte man nicht ins leere All zielen, sondern zum Mond fliegen und danach weich in der kasachischen Steppe landen. Um dieses Landegebiet erreichen zu können, sollte die Zond-Kapsel bei der Rückkehr zur Erde auf einer sehr flachen Bahn über der Südhalbkugel tief in die Erdatmosphäre eintauchen und dann sozusagen wieder abprallen, um in einem 145 Kilometer hohen Bogen erneut ins All bis nach Kasachstan geschleudert zu werden, da ein direktes Ansteuern des kasachischen Landegebiets technisch nicht möglich war. Das seltsame Abprall-Manöver hatte auch den Zweck, die Bremsbelastung für die Kosmonauten erträglicher zu machen, da Raumschiffe bei der Rückkehr vom Mond ungeheure 40.000 Kilometer pro Stunde schnell sind.

Nach der Rückkehr vom Mond sollte die Kapsel am 4. Oktober 1967 auf der Erde landen, genau zehn Jahre nach dem Start des ersten Satelliten Sputnik. Doch schon 60 Sekunden nach dem Start wich die mächtige Proton-Rakete vom Kurs ab, da eines der Triebwerke defekt war. Das Rettungssystem zündete und zog die Raumkapsel in die Höhe, während darunter die Proton explodierte. Die Raketentrümmer stürzten 65 Kilometer von der Startrampe entfernt in die Steppe, die Kapsel landete sicher am Fallschirm.

Vier Wochen später starteten zwei unbemannte Sojus-Raumschiffe (Kosmos 186 und 188), ihnen gelang am 30. Oktober 1967 die erste automatische Koppelung. Im November scheiterte eine weitere Proton-Rakete mit einer Zond-Kapsel beim Start.

März 1968: Zond 4 – Absturz in den Ozean

Im Frühjahr 1968 gelang ein neuer Zond-Start weit hinaus ins All, auch wenn der Mond wiederum nicht an der »richtigen« Stelle stand. Die Nachrichtenagentur TASS sprach von einer »Raumsonde Zond 4«. In einer Bodenstation beobachteten mehrere Kosmonauten, die schon seit Monaten für Mondmissionen trainieren, den Fortgang des Fluges. Zwei von ihnen testeten die Qualität der Funkverbindung über 300.000 Kilometer, ihre Worte wurden zum Raumschiff und wieder zurück zur Erde übermittelt.

Technische Probleme mit einem Sternensensor zur Lageausrichtung des Raumschiffes behinderten allerdings die Kurskorrekturen, sodass am 9. März das Abprallmanöver in der Erdatmosphäre misslang. Im Ozean vor Westafrika fing ein russisches Funkortungsschiff mit seinen Antennen Signale von Zond auf, denen zufolge das Raumschiff auf einer steilen ballistischen Bahn direkt über dem Golf von Guinea herabraste. Bei einem derart hohen Tempo treten gewaltige Bremskräfte von rund 20facher Erdbeschleunigung auf. Für Kosmonauten wäre dies lebensgefährlich. Zond 4 besaß ein Selbstzerstörungssystem, das bei einem Absturz auf ausländischem Gebiet aktiviert wurde. In etwa 10 bis 15 Kilometer Höhe, rund 200 Kilometer vor der westafrikanischen Küste, wurde das Raumschiff gesprengt, die Trümmer ruhen heute am Grund des Atlantik.

In der offiziellen Darstellung des sowjetischen Raumfahrtprogramms klaffte eine gewaltige Lücke zwischen dem Absturz von Sojus 1 im April 1967 und den Flügen von Sojus 2 und 3 im Oktober 1968. In Wirklichkeit waren diese eineinhalb Jahre voller (geheimer) Aktivität. Im April 1968 starteten beispielsweise zwei unbemannte

Sojus-Raumschiffe, um erneut eine automatische Kopplung durchzuführen, wenige Tage später scheiterte ein Proton-Start mit einer Zond-Kapsel.

Im Sommer 1968 passierte dann etwas Merkwürdiges: Wenige Tage vor dem Start einer Proton wurde, hoch oben in der Rakete, der (noch leere) große Tank der Block-D-Antriebsstufe unter Druck gesetzt, um seine Dichtheit zu testen. Dabei entstand ein Riss, worauf der gesamte obere Teil der Rakete samt Zond-Raumschiff abbrach und auf einen Ausleger des Startgerüstes fiel. Etwa 150 Personen arbeiteten zu diesem Zeitpunkt in unmittelbarer Nähe der Startrampe, es ist ein Wunder, dass nur eine einzige Person ums Leben kam.

Etliche weitere Testflüge folgten, da die russischen Raumfahrt-Verantwortlichen bei Raketen und Raumschiffen maximale Sicherheit erzielen wollten, bevor sie wieder Kosmonauten an Bord ließen.

September 1968: Zond 5 – Zwei Schildkröten reisen zum Mond

Am 15. September 1968 steht eine neue Expedition bevor: Kurz vor Mitternacht wartet, von hellen Scheinwerfern angestrahlt, eine mächtige Proton-Rakete auf den Start. Die Triebwerke zünden, grelle Flammen erleuchten das Startgerüst, und die Rakete steigt donnernd hinauf in den dunklen Nachthimmel. 67 Minuten später zündet die Block-D-Antriebsstufe und schießt eine Zond-Kapsel auf eine Bahn zum Mond! Zum ersten Mal fliegt ein für Kosmonauten konzipiertes Raumschiff zum kraterübersäten Begleiter der Erde. Noch sind keine Menschen an Bord, dafür aber verschiedene merkwürdige Passagiere: zwei Schildkröten, viele Fruchtfliegen (das sind jene kleinen Insekten, die sich auf Obst oder in einem offenen Mistkübel stark vermehren), etliche Würmer – und exakt 237 Fliegeneier.

Im Bodenkontrollzentrum in Eupatoria auf der Halbinsel Krim sind alle wichtigen Leute des russischen Raumfahrtprogramms versammelt, unter anderem der Chefkonstrukteur Wassili Mischin und der Kosmonaut Alexej Leonow. In wenigen Monaten würde auch Leonow in einem solchen Zond-Raumschiff zum Mond fliegen, lauten zumindest die sowjetischen Pläne.

Vier Tage nach dem Start nähert sich »Zond 5« dem Mond. Es ist mit 5,5 Tonnen ein recht großes Objekt – fast so massiv wie die heutigen, 7,2 Tonnen schweren Sojus-Schiffe. An Bord befinden sich unter anderem hochqualitative Kameras, um Fotos der Mondrückseite anzufertigen.

Im Jodrell Bank Radioobservatorium in Großbritannien hat dessen Leiter Sir Bernard Lovell die 76 Meter große Parabolantenne auf jenen Punkt am Himmel gerichtet, wo sich das geheimnisvolle »Zond«-Objekt befindet, dessen Start die Sowjetunion zwar kurz erwähnt hat, dessen Aussehen und Aufgabe im Westen aber unklar ist. Lovell kann anhand der Richtung und Dopplerverschiebung der Funksignale verfolgen, dass das Objekt den Mond erreicht, hinter seine Rückseite fliegt und sich dann wieder der Erde nähert. Auf Anfrage bestreitet das sowjetische Außenministerium jedoch alles und teilt mit, Zond 5 sei in keiner Weise auch nur irgendwo in der Nähe des Mondes gewesen.

Einen Tag später ändern sich die offiziellen sowjetischen Auskünfte. Laut Nachrichtenagentur TASS sei Zond 5 tatsächlich »in der Nähe des Mondes« gewesen. Dann gibt es eine sensationelle Neuigkeit: Das britische Radioobservatorium fängt per Funk Worte einer menschlichen Stimme auf, die aus dem Objekt stammen. Im Westen wird spekuliert, ob es sich um den geheimen Flug eines Kosmonauten zum Mond handelt, der erst nach erfolgreicher Rückkehr offiziell bekanntgegeben wird. Doch Lovell ist skeptisch: Es handle sich höchstwahrscheinlich um einen Bandrekorder an Bord des Raumschiffs, mit dem der Funkverkehr zwischen Mond und Erde getestet werden solle.

Zond hat inzwischen Fotos von der Mondoberfläche und von der fernen blauweißen Erde gemacht. Ein Defekt mit einen Sternensensor verhindert auch diesmal eine Kurskorrektur, um mittels Abprallmanöver Kasachstan anzusteuern.

Am Abend des 21. September erreicht die Landekapsel von Zond 5 über der Antarktis die oberen Schichten der Erdatmosphäre und dringt auf einer sehr flachen Bahn mit ungeheuren 11 Kilometer pro Sekunde Geschwindigkeit in die Lufthülle ein. Die Außenhülle der Kapsel erhitzt sich dabei auf 13.000 Grad Celsius, die Bremsverzögerung entspricht der 16fachen Erdschwerkraft. Über dem nächtlichen Indischen Ozean ist bald darauf ein doppelter »Überschallknall« zu hören. Noch immer glühend, segelt die Kapsel schließlich am Fallschirm hinunter und klatscht auf den Wellen des Indischen Ozeans auf.

Im ersten Morgengrauen erreicht ein sowjetisches Bergungsschiff die Kapsel und hievt sie an Bord. Die Schildkröten und anderen Tiere werden herausgeholt, sie waren die ersten Lebensformen der Erde, die zum Mond geflogen sind. Auf einem Foto, das seit dem Ende des Kalten Krieges auch dem Westen zugänglich ist, sieht man, wie die Schildkröten über die Planken des Bergungsschiffes kriechen.

Die Kapsel wird nun vom Marineschiff auf ein unauffäl-

Abbildung 9: Die Landekapsel von Zond 5 nach der Landung im Indischen Ozean. Schildkröten und diverse Kleintiere an Bord waren die ersten irdischen Lebewesen, die zum Mond und wieder zurück flogen. (Sept. 1968)

ligeres russisches Frachtschiff umgeladen und zum Hafen von Bombay gebracht, wo vermutlich niemand ahnt, dass sich in einem sehr großen Container ein Raumschiff befindet. Mit einem Antonow-Flugzeug wird dieses schließlich zurück in die Sowjetunion gebracht.

Einen Monat nach dem erfolgreichen Mondflug, im Oktober 1968, gelingt schließlich auch eine bemannte Sojus-Mission. Da der Funkverkehr von westlichen Horchantennen abgehört wird, schlägt Ausbildungsleiter Kamanin dem Kosmonauten Georgi Beregowoi ein Codesystem vor: Wenn der Flug problemlos laufe, solle er mitteilen, alles sei »exzellent«. »Gut« bedeute, dass der Kosmonaut mit Technikern über ein Problem sprechen wolle. Wenn er aber sagt, die Mission verlaufe »zufriedenstellend«, bedeutet dies, dass eine dringende Rückkehr zur Erde notwendig sei.

Eine Kopplung mit einem zweiten, unbemannten Sojus-Raumschiff scheitert zwar, ansonsten verläuft der Flug aber problemlos. Live-TV-Bilder zeigen das Innere des Raumschiffs und den wunderschönen Blick durchs Fenster auf die farbenprächtige Erde. Beregowoi landet mit seiner Kapsel in einer hohen Schneewächte, beobachtet von einem staunenden kleinen Jungen mit einem vermutlich ebenfalls verwunderten Esel, die gemeinsam in der verschneiten kasachischen Steppe unterwegs sind.

November 1968: Absturz eines Mondraumschiffs

Im Herbst 1968 berichtet die CIA von Satellitenfotos, auf denen eine riesige russische Mondrakete zu sehen sei [22]. Um den Russen zuvorzukommen, wird NASA-intern beschlossen, bereits den für Dezember geplanten zweiten (!) bemannten Apollo-Flug zum Mond zu schicken und dort in eine Kreisbahn einzuschwenken.

Die Sowjetunion agiert vorsichtiger, auch das am 10. November gestartete Zond-6-Raumschiff ist ein unbemannter Testflug. Weil das Aufklappen der Hochleistungs-Funkantenne misslingt, ist nur ein langsamer Datentransfer möglich. Unterwegs werden Mikrometeorite und die kosmische Strahlung gemessen und Fotos von der Mondrückseite gemacht. Auf der Erde diskutiert man mittlerweile, ob bereits beim für Anfang Dezember geplanten nächsten Zond-Flug die Kosmonauten Alexej Leonow und Oleg Makarow an Bord sein sollen. Man würde so dem um die Weihnachtszeit stattfindenden Mondflug von Apollo 8 zuvorkommen. Ausbilder Nikolai Kamanin vertraut seinem Tagebuch an, dass er den NASA-Plan, ohne vorherigen unbemannten Testflug Menschen zum Mond zu schicken, für sehr gefährlich hält.

Beim Rückflug von Zond 6 zur Erde treten plötzlich Probleme auf: Tanks des Lagesteuerungssystems kühlen stark ab, und der Luftdruck in der Kapsel sinkt fast auf die Hälfte. Diesmal gelingt über dem Indischen Ozean ein perfektes Aufgleiten auf den tieferen Atmosphärenschichten, Zond fliegt erneut in den Weltraum hinaus und taucht über Asien endgültig in die Lufthülle ein. Allerdings versagt durch den Materialstress eine Dichtung, und die gesamte Luft entweicht aus der Kapsel. In drei bis fünf Kilometer Höhe über dem Erdboden glaubt der durch das Vakuum falsch reagierende Höhenmesser, die Landung stehe unmittelbar bevor, zündet kurz die Bremsraketen und löst die Verbindung zum Fallschirm. Die Kapsel stürzt aus mehreren tausend Metern Höhe ungebremst in die Tiefe und kracht irgendwo in der kasachischen Steppe auf den Boden. Im Gegensatz zu Sojus 1 entsteht kein Feuer.

Die Bergungstrupps empfangen kein Funksignal und wissen daher nicht, wo das Raumschiff ist. Zeugen im Landegebiet berichten von einem rotglühenden Objekt, das hoch am Himmel dahingerast sei. Erst nach 36 Stunden entdecken Suchhubschrauber die Fallschirme, weitere sechs Stunden später das Wrack der Kapsel. Das Selbstzerstörungssystem mit zehn Kilogramm Sprengstoff ist noch intakt, sodass die Untersuchung des Raumschiffes zunächst extrem gefährlich ist. Mit Raumanzügen hätten Kosmonauten den Druckverlust überlebt, den Absturz aber natürlich nicht. Die Nachrichtenagentur TASS verkündet, die Mission sei »erfolgreich« verlaufen.

Am 24. Dezember 1968 erreicht das amerikanische Raumschiff Apollo 8 mit drei NASA-Astronauten den Mond und schwenkt in eine Umlaufbahn ein. Frank Borman, James Lovell und William Anders blicken mit eigenen Augen auf die Kraterlandschaft des Mondes, und sie betrachten als erste Menschen seine Rückseite.

Angesichts dieses NASA-Erfolges halten die Russen das weitere Anpeilen eines kurzen Mond-Vorbeifluges zweier Kosmonauten für wenig sinnvoll. Das Zond-Projekt (»L-1«) wird daher auf Sparflamme gesetzt, um stattdessen das Mondlandeprogramm L-3 voranzutreiben. Zwar liegen die Russen im Zeitplan weit hinter den Amerikanern, jeder von beiden kann jedoch jederzeit durch einen Unfall Monate oder Jahre zurückgeworfen werden.

Januar 1969: Sojus 5 – Der lange Marsch durch die Schneewüste

Mitte Januar 1969 gelingt endlich, was schon für April 1967 geplant war: Zwei bemannte Sojus-Raumschiffe koppeln aneinander an, und zwei Kosmonauten klettern außen an der Raumschiffhülle entlang, um von einer Kapsel in die andere umzusteigen. Diese Technik ist wie erwähnt für das Umsteigen in die russische Mondlandefähre nötig, doch wird der Zusammenhang mit dem Mondprogramm in offiziellen Meldungen mit keinem Wort erwähnt.

Kosmonaut Jewgeni Chrunow beschreibt später seine Empfindungen: »Die Luke öffnete sich, und gleißend helles Sonnenlicht strahlte von draußen herein. Ich sah die Erde, den Horizont und den schwarzen Himmel und erlebte dasselbe Gefühl wie vor meinem ersten Fallschirmabsprung. Ich muss ganz offen bekennen, ich spürte die ganze Anspannung eines Athleten an der Startlinie. Ohne Schwierigkeiten kletterte ich aus dem Raumschiff und blickte um mich. Ich war fasziniert vom prächtigen, großartigen Anblick der zwei gekoppelten Raumschiffe, die hoch über der Erde dahinflogen und konnte jedes kleine Detail auf ihrer Außenhaut beobachten. Es gab glänzende Lichtreflexionen, wo sich auf den Raumschiffen das Sonnenlicht spiegelte. Unmittelbar vor mir war das Raumschiff Sojus 4. Erst als ich eine Weile den Blick auf diese wundervolle Ansicht genossen hatte, begann ich mich wieder zu bewegen.« [32]

Erst 1996 wurde beiläufig publik gemacht, dass einer der an dieser Mission beteiligten Kosmonauten eine ziemlich abenteuerliche Landung erlebte.

Es hat eisige minus 36 Grad im Landegebiet. Kosmonaut Boris Wolynow bereitet sich auf die Rückkehr zur Erde vor, die präzise Ausrichtung des Raumschiffs vor der Zündung des Bremstriebwerks macht jedoch Probleme. Statt eines gesteuerten, einigermaßen sanften Abstiegskurses schlägt die Kapsel einen steilen, ballistischen Kurs ein. Überdies hat die Abtrennung des hinten gelegenen Antriebsteils (wieder einmal) nicht funktioniert. Dieser hängt mit mehreren Kabeln noch immer am Landeapparat, was zur Folge hat, dass durch die ungünstige aerodynamische Form dieser Kombination nicht der Hitzeschild, sondern eine dünne Luke in Flugrichtung zeigt. Wolynow sieht das Problem, als er durch das runde Kapselfenster blickt, kann aber nichts tun. Die Luke erhitzt sich so stark, dass der Kosmonaut bereits den beißenden Geruch von verbranntem Gummi in der Nase spürt. Er ist sich nicht sicher, ob er diesen Flug überleben wird und reißt daher Seiten aus seinem Logbuch, wo alle Vorkommnisse des Fluges aufgeschrieben sind. Zusammengerollt steckt er sie in einen Spalt, damit sie bei einer Bruchlandung nicht verbrennen.

Laut knallend explodieren plötzlich die glühend heißen Treibstofftanks im Antriebsmodul. Wolynow verspürt wegen der Bremswirkung sein neunfaches Gewicht, was das Atmen sehr anstrengend macht. Endlich zerreißt die Verbindung zwischen Antriebssektion und Landekapsel, letztere schwingt durch ihre aerodynamische Form sofort in die richtige Position und zeigt nun mit dem dicken Hitzeschild in Flugrichtung, wo außen am Raumschiff bald bis zu 5000 Grad Celsius entstehen.

Schließlich schlägt die Kapsel irgendwo in der winterlichen Steppe von Kasachstan auf. Der Aufprall ist so heftig, dass die Sicherheitsgurte reißen, Wolynow wird aus seinem Sitz geschleudert und schlägt sich einige Zähne im Oberkiefer aus. Draußen ist ein Zischen hörbar, da die kochend heiße Kapsel den umliegenden Schnee schmilzt. Wegen der steilen, ballistischen Rückkehr befindet sich der Kosmonaut 600 Kilometer von den Bergungsteams entfernt. Bei der Landung ist er knapp dem Tod entgangen, doch jetzt droht ihm das Erfrieren, falls er stundenlang bei minus 36 Grad warten muss.

Vorsichtig steigt er durch die Luke hinaus und sieht weit entfernt am Horizont eine senkrecht aufsteigende Rauchsäule. Viele Kilometer weit stapft er durch den Tiefschnee, bis er die einsame Hütte erreicht. Frierend und mit blutigen, ausgeschlagenen Vorderzähnen klopft er an und bittet um Einlass. Er komme gerade aus dem Weltraum, sagt er. Freundlich bewirten die Leute den seltsamen Besucher in ihrer warmen Hütte.

Als die Bergungshubschrauber in der endlosen verschneiten Steppe endlich die Kapsel finden, ist kein Kosmonaut zu sehen. Die Helfer folgen dem ausgespuckten Blut und den Fußstapfen und finden Wolynow schließlich bei den Leuten in der einsamen Hütte.

Februar 1969: Donnernde Triebwerke in einer eisigen Winternacht

Wenige Wochen später ist die erste N1-Mondrakete flugbereit – ein mehr als 100 Meter langes Ungetüm. Die unten befindliche erste Raketenstufe besitzt nicht weniger als 30 große Triebwerke.

Folgendes Szenario ist geplant: Ein vereinfachtes Testmodell des unbemannten LOK-Mond-Sojusraumschiffs soll zum Mond fliegen, in eine Kreisbahn einschwenken und dann wieder zur Erde zurückkehren. Außerdem ist eine Block-D-Antriebsstufe und eine Attrappe des LK-Mondlanders an Bord. Sobald dieses große Gespann auf dem Weg zum Mond ist, soll zusätzlich eine große Proton-Rakete starten und ein automatisches Lunochod-Auto weich auf dem Mond absetzen.

Unter strengster Geheimhaltung ziehen am 3. Februar

Abbildung 10: Die erste sowjetische Mondrakete N-1 wird in der Montagehalle auf den Start vorbereitet. Unten sind die 30 Triebwerke der ersten Stufe sichtbar. (Anfang 1969)

1969 mehrere Diesellokomotiven die gewaltige N1-Rakete in waagrechter Position zum Startplatz, wo diese ganz langsam mit mächtigen, hydraulisch gesteuerten Kranarmen aufgerichtet wird. Danach werden sämtliche Raketenstufen betankt. 2770 Tonnen schwer ruht die Mondrakete nun flugbereit auf der Startplattform.

Die Nacht vom 20. zum 21. Februar 1969 ist eisig kalt, es hat unglaubliche minus 41 Grad Celsius. 18 Minuten nach Mitternacht (Ortszeit) zünden in einem grellen Lichtblitz die 30 Düsen der untersten Raketenstufe. Ganz langsam steigt die Rakete aufwärts, kilometerweit ist die Landschaft vom blendenden Schein der Triebwerke erleuchtet. Erst mit einiger Verzögerung erreicht das ungeheure Donnern der Motoren die Techniker, die weit entfernt den Start beobachten. Noch nie ist eine so große Rakete vom Kosmodrom Tyuratam gestartet!

Was die jubelnden Zuschauer nicht wissen: 5 Sekunden nach dem Start bricht eine Druckleitung, 18 Sekunden später eine 2 Millimeter dicke Oxidationsmittel-Leitung. Die Mischung aus Treibstoff und Oxidationsmittel entzündet sich nach 55 Sekunden Flugzeit, 13 Sekunden später sind Kabel des Steuerungssystems durchgebrannt. Die Rakete befindet sich inzwischen, mit hoher Geschwindigkeit fliegend, in 27 Kilometer Höhe. Binnen weniger Sekunden reagiert das Steuerungssystem auf die Defekte: Es schaltet sämtliche Triebwerke ab und zündet die kleine Rettungsrakete an der Spitze der Mondrakete. Die (unbemannte) Raumschiffkapsel wird in die Höhe gezogen, während die hundert Meter lange, mit hochexplosivem Treibstoff angefüllte Rakete antriebslos aus 27 Kilometer Höhe zurück zur Erde stürzt. Die Explosion ist so gewaltig, dass in weitem Umkreis die Fenster der Gebäude zersplittern. [35]

Auch Kosmonaut Alexej Leonow, der mittlerweile für eine bemannte Mondlandung trainiert, ist Zeuge des Raketenabsturzes. Verletzt wird niemand, und die von der Mondrakete abgesprengte (unbemannte) Kosmonautenkapsel landet unversehrt am Fallschirm irgendwo in der Steppe. Raumfahrer hätten den Fehlstart völlig unverletzt überlebt.

Erstaunlicherweise versagt der US-Geheimdienst CIA völlig: Weil in dieser Woche zufällig kein Spionagesatellit das Startgelände in der kasachischen Steppe überflogen hat, weiß man in den USA überhaupt nichts vom Fehlstart der Mondrakete. Noch Jahre später nennen interne US-Dokumente den Juli (!) 1969 als Zeitpunkt für den Erstflug dieses Raketentyps. Auch Peter Pesavento weiß im Jahr 1984 nichts davon [14], und sogar im exzellenten Standardwerk »Almanac of Soviet Manned Space Flight«, in der Ausgabe des Jahres 1990 [17], fehlt dieser Meilenstein der russischen Raumfahrt.

Februar 1969: Das Mondauto und das verlorene Polonium

Am 23. Februar, nur zwei Tage nach der Explosion der N1-Mondrakete, soll wie erwähnt eine Proton mit einem automatischen Lunochod-Mondauto starten. Dieses soll in der Lava-Ebene Mare Serenitatis landen und während der 14-tägigen Sonnenlichtphase auf der Mondoberfläche umherfahren und Fotos machen, in der 14-tägigen finsteren Mondnacht hingegen stehenbleiben und warten. Ein Bandrekorder soll außerdem am Beginn der Forschungsfahrt die sowjetische Nationalhymne zur Erde funken.

Doch auch die Proton ist zu dieser Zeit noch sehr unzuverlässig. 50 Sekunden nach dem Start schleudern Vibrationen die Schutzhülle von der Raketenspitze, die Rakete explodiert und stürzt 15 Kilometer vom Startplatz entfernt in die Steppe. Dies ist insofern heikel, als die Energiequelle des Mondrovers aus einem extrem stabilen Behälter mit hochradioaktivem und daher wärmelieferndem Polonium besteht, damit die Elektronik die eisige Mondnacht überleben kann. Zur Erinnerung: Polonium-210 ist auch jene Substanz, mit welcher der ehemalige russische Spion Alexander Litwinenko im November 2006 in London ermordet wurde.

Die Polonium-Box der Mondsonde ist so robust gebaut, dass sie auch Raketenexplosionen unversehrt übersteht. Doch seltsamerweise ist sie unauffindbar! Monatelang suchen Militärs an der Absturzstelle nach dem Behälter. Erst viel später wird intern bekannt, was passiert ist: Eine Militärpatrouille hat die wegen ihrer Radioaktivität ziemlich heiße Box gefunden. Die Soldaten begreifen trotz der Warnmarkierung nicht, wie gefährlich die Strahlung ist. Anstatt das hochradioaktive Kästchen abzuliefern, nehmen sie es mit in ihr Wächterhäuschen und freuen sich, für den Rest des Winters eine so praktische kleine Heizung zu besitzen.

Teile des robust gebauten Mondautos werden ebenfalls gefunden. Sogar der Bandrekorder ist noch betriebsbereit und spielt die sowjetische Hymne nun an der Absturzstelle anstatt auf der Mondoberfläche.

März 1969: Kalte Wohnräume vor dem Start zum Mars

Parallel zu den geheimen Mondprojekten und zum Sojus-Programm werden zu dieser Zeit auch große, tonnenschwere Raumsonden entwickelt, die mit Proton-Raketen starten und zum Mars oder zur Venus fliegen sollen. 1968 erfolgt der Zusammenbau der ersten zwei jeweils 4,8 Tonnen schweren Marssonden. Nur etwa alle 26 Monate, wenn Erde und Mars in der richtigen Position stehen, ist ein Start zum roten Planeten möglich. Der Zeitdruck ist deshalb enorm, es wird rund um die Uhr gearbeitet, Spezialisten schlafen teilweise in den Montagehallen, und die dortige Cafeteria muss Tag und Nacht offen haben und gratis Speisen ausgeben.

Anfang Februar 1969 werden beide Sonden zum Startgelände Tyuratam nach Kasachstan transportiert, es ist wie erwähnt eisig kalt. Als am 21. Februar die Mondrakete N1 explodiert, zerstört die Druckwelle die Fenster des Hotels, in dem jene Techniker des Lawotschkin-Konstruktionsbüros wohnen, die die Sonden zum Start vorbereiten. Die zerstörten Fenster können zwar relativ rasch repariert werden, die eisige Luft, die auch tagsüber kälter als minus 30 Grad ist, lässt jedoch binnen kürzester Zeit die Rohre der Zentralheizungen platzen, weil sich innen Eis bildet. Mit kleinen Elektroöfen gelingt es den Technikern mühsam, die Temperatur der Wohnräume auf knapp über null Grad zu heben.

Am 27. März startet die erste der beiden Marssonden. In einer Turbine der dritten Raketenstufe entsteht allerdings ein Feuer, sodass der Flugkörper ins zentralasiatische Altai-Gebirge stürzt. Als am 2. April die zweite Sonde folgt, versagt kurz nach dem Abheben eines der sechs Triebwerke. Die Rakete wird instabil und fliegt seitwärts statt aufwärts, sie explodiert nach drei Kilometern in einem gewaltigen Feuerball.

Die NASA segelt inzwischen von einem Erfolg zum nächsten. Im März 1969 testen Astronauten die NASA-Mondlandefähre in einer Erdumlaufbahn (Apollo 9). Der Weg zu einer letzten »Generalprobe« (Apollo 10) und zu einer bemannten Mondlandung (Apollo 11) ist nun frei. Überdies gelingt es den Amerikanern, im Frühjahr 1969 zwei Sonden zum Mars zu schicken (Mariner 6 und 7). Sie sind zwar viel kleiner und besitzen weniger Instrumente als die russischen Exemplare, dafür aber starten sie erfolgreich. Im August, kurz nach der ersten bemannten Mondlandung, fliegen sie am Planeten Mars vorbei und übermitteln 198 scharfe Fotos.

Die schmerzhaften russischen Fehlschläge der N1-Mondrakete und der Proton-Raketen mit dem Mondauto und den beiden Marssonden verschwinden hingegen aus der offiziellen sowjetischen Raumfahrtgeschichte, gerade so, als ob sie niemals stattgefunden hätten. Obwohl es eigentlich keine Schande ist, wenn ambitionierte Projekte anfangs Rückschläge erleben.

Sommer 1969: Geheimnisvolle Vorgänge am Kosmodrom

Als der Zeitpunkt der ersten NASA-Mondlandung immer näher rückt, melden US-Spionagesatelliten rätselhafte Aktivitäten am Kosmodrom Tyuratam. Anfang Juli 1969 stehen zwei (!) riesige N1-Mondraketen an den Startrampen.

Die Geheimdienst-Analysten bei der CIA fragen sich vermutlich stirnrunzelnd, welches sowjetische Raumfahrtszenario wohl bevorsteht. Werden die Russen, entgegen aller Wahrscheinlichkeit, in letzter Minute versuchen, als Erste auf dem Mond zu landen?

Wenige Tage später fliegt ein amerikanischer Satellit erneut über das Kosmodrom. Auf seinen Fotos ist etwas Seltsames zu sehen: Nicht nur eine der beiden Raketen, sondern sogar die gesamte Startrampe mit dem 100 Meter hohen Startgerüst ist verschwunden! Stattdessen offenbaren die unscharfen Fotos ein gigantisches Trümmerfeld.

Der Abflug der drei Apollo 11-Astronauten ist für den 16. Juli 1969 geplant. Bloß drei Tage vorher, am 13. Juli, startet in Kasachstan zeitig in der Früh (in Amerika ist es noch Nacht) ein Objekt, das von den Russen in ihrer offiziellen Verlautbarung als »Mondsonde Luna 15« bezeichnet wird. In den USA spekulieren Journalisten, dass die Sonde vielleicht den Funkverkehr der NASA zu den am Mond gelandeten Astronauten stören soll, so wie es russische »Fischkutter« manchmal bei NATO-Manövern tun. Wie gewohnt verfolgt Jodrell Bank, das britische Radioteleskop, die Signale der Sonde. Am 17. Juli, Apollo 11 ist bereits unterwegs zum Mond, schwenkt Luna 15 in eine Mondumlaufbahn ein, und es gibt einen heftigen Datenverkehr zwischen der Sonde und der Erde, wie die englischen Beobachter bemerken. Die Russen liefern der NASA die Flugbahnparameter des Objekts, damit es keine Kollision mit dem Apollo-Raumschiff gibt.

Am 20. Juli 1969 landet die NASA-Mondfähre »Eagle« mit den Astronauten Armstrong und Aldrin auf der Mondoberfläche. Noch während sich die beiden Männer auf dem Mond befinden, meldet das britische Radioobservatorium, die Signale der Sonde Luna 15 seien unvermittelt verstummt. Luna 15 habe sich mit hoher Geschwindigkeit

Abbildung 11: Anfang Juli 1969 stehen zwei N-1-Mondraketen an den Startrampen: rechts das zweite Flugexemplar, das wenige Tage später starten soll, links hinten eine Attrappe für Testzwecke.

der Mondoberfläche genähert, wie anhand der Dopplerverschiebung der Signale erkennbar gewesen sei.

Was ist im Sommer 1969 wirklich passiert? Russische Archive und Gespräche mit Zeugen lassen die tatsächlichen Ereignisse aus dem Nebel der Vergangenheit auftauchen.

Juli 1969: Eine Explosion wie eine Atombombe und die Suche nach Mondstaub

Im Frühjahr 1969 wurde nicht nur die zweite N1-Mondrakete für einen Testflug vorbereitet, die Russen bauten gleichzeitig fünf (!) große Sonden, die Mondgestein zur Erde bringen sollten.

Häufig wird behauptet, diese russischen Rückholsonden hätten mit weitaus geringerem finanziellem Aufwand dasselbe geleistet wie die teuren bemannten Mondflüge der Amerikaner. Dies ist jedoch ein völlig falscher Mythos: Die Fähigkeit der geologisch geschulten NASA-Astronauten, bei ihren kilometerweiten Fahrten zu interessanten geologischen Formationen gezielt interessante Gesteinsproben aufzusammeln, konnte von den automatischen russischen Sonden in keiner Weise auch nur annähernd erreicht werden. Die russischen Luna-Sonden schaufelten kleine Mengen Staub aus dem Mondboden und füllten ihn in eine Rückkehrkapsel. Zwar sind diese Proben durchaus interessant, weil sie von Regionen am Mond stammen, die kein Astronaut je besuchte. Die NASA-Proben sind jedoch wissenschaftlich bei weitem aussagekräftiger.

Mitte Juni 1969 startete die erste Gesteinsrückhol-Sonde mit einer Proton. Die Block-D-Antriebsstufe versagte jedoch, sodass die Mission scheiterte.

Anfang Juli war die zweite N1-Mondrakete flugbereit. Am benachbarten Startgerüst stand ein Testmodell der N1, um technische Vorgänge zu erproben – deshalb sahen die US-Satelliten *zwei* große Mondraketen. Der für Juli geplante Flugplan war identisch mit jenem vom Februar.

Alle wesentlichen Personen des russischen Weltraumprogramms befanden sich Anfang Juli 1969 am Kosmodrom Tyuratam. Am 3. Juli, rund zwei Wochen vor dem Abflug von Apollo 11, liefen nachts die letzten Vorbereitungen zum Start der russischen Mondrakete. Donnernd zündeten die Triebwerke, doch auch diesmal gab es unmittelbar danach, noch vor dem Abheben, ein Problem: Die Stahlmembran eines Sensors brach und wurde in eine der rasend schnell arbeitenden Treibstoffpumpen gespült. Es entstand ein Brand, mehrere der 30 Triebwerke wurden defekt und daher vom Steuerungssystem abgeschaltet. Eine Sauerstoffleitung zerbarst, ein weiteres Triebwerk wurde abgeschaltet. Langsam stieg die Rakete in die Höhe. Das Feuer in ihr hatte auch diesmal wichtige Kabel durchgeschmort, sodass sich zehn Sekunden nach dem Abheben sämtliche Triebwerke abschalteten, obwohl die mehr als hundert Meter hohe, vollgetankte Rakete bloß etwa 200 Meter über dem Startgerüst flog. Rasch verlor sie an Geschwindigkeit, die Rettungsrakete riss die unbemannte Raumschiffkapsel in Sicherheit, und dann stürzte das riesige Ungetüm zurück auf die Startplattform und verwandelte alles in einen gigantischen Feuerball. Es war die größte Raketenexplosion, die es jemals auf der Welt gegeben hat.

Für die Zuschauer wirkte das Ereignis trotz der großen Entfernung unheimlich. Zunächst erschien ein gewaltiger Feuerball, fast lautlos, da der Schall die Menschen erst mit vielen Sekunden Verspätung erreichte [37]. Pro Kilometer brauchte das Explosionsgeräusch drei Sekunden, die Menschenmenge hatte sich wohlweislich einige Kilometer vom Startgerüst entfernt aufgestellt. Eine pilzförmige Glutwolke stieg auf, und plötzlich vibrierte der Erdboden, eine heftige Druckwelle brauste über die Menschen hinweg, dann war das schauerlich laute Dröhnen der Explosion zu hören, und kurz darauf regnete es schon Metalltrümmer vom Himmel. Einige Menschen liefen zu Bunkern, glücklicherweise wurde niemand ernsthaft verletzt. Im Umkreis von vielen Kilometern zertrümmerte die Druckwelle jedoch Fenster und Türen, ja sogar Autos wurden umgeworfen. Die Startanlage der Mondrakete wurde beinahe völlig zerstört.

Die Explosion mit der Gewalt einer kleinen Atombombe war so stark, dass die Seismographen weltweit ein leichtes Erdbeben registrierten. Nun war alles entschieden. Die NASA schickte Menschen zum Mond, die Russen waren gescheitert. Doch eine letzte Trumpf-Karte hatten sie noch im Ärmel: eine unbemannte Mondsonde.

Juli 1969: Die geheimnisvolle »Luna 15«

Noch im Jahr 1984 musste der Raumfahrtexperte Peter Pesavento raten, worum es sich bei »Luna 15« gehandelt hatte [14]. Verwundert über das angeblich hohe Gewicht der Sonde und ihre vielen Bahnmanöver, vermutete er, es könnte sich um den unbemannten Prototyp der russischen Mondlandefähre gehandelt haben.

Doch es war alles ganz anders: Luna 15 sollte Mondgestein zur Erde bringen, ihre Rückkehr zur Erde war für denselben Tag geplant wie jene der amerikanischen Apollo-11-Astronauten. Der Start der Raumsonde am 13. Juli 1969 funktionierte bestens, ebenso der Flug zum Mond und das Einschwenken in eine Mondumlaufbahn. Als Landeplatz war die Lava-Ebene des Mare Crisium vorgesehen, die wir mit freiem Auge als dunklen Fleck im rechten oberen Eck des Vollmondes sehen können.

Als sich die Sonde langsam der Mondoberfläche näherte, meldete das Radarsystem, die Lava-Ebene (!) sei stark zerklüftet. Die Landung wurde daraufhin verschoben, um diesen merkwürdigen Befund zu überprüfen. Die Amerikaner Armstrong und Aldrin landeten etwa zu dieser Zeit am Mond. Kurz vor deren Abflug am nächsten Tag stürzte die russische Sonde in einer anderen Mondregion ab. Möglicherweise war sie beim Landeanflug gegen einen Berg geflogen, oder es gab einen Navigationsfehler [37].

Angesichts der vielen Fehlschläge wurde das russische Raumfahrtprogramm in den folgenden Monaten sukzessive umgestaltet. An den unzuverlässigen Proton-Raketen wurden zahlreiche Verbesserungen vorgenommen, der Raketentyp gilt seither als äußerst zuverlässig und fliegt auch heute noch regelmäßig. An den unzuverlässigen Proton- und N-1-Raketen wurden zahlreiche Verbesserungen vorgenommen. Das Proton gilt seither als äußerst zuverlässig und fliegt auch heute noch regelmäßig.

4 Zwischen Forschungslabor und Spionagebasis

Parallel zum geheimen Mondprogramm gab es in der Sowjetunion Ende der 60er Jahre ein mindestens ebenso geheimes Projekt zum Bau einer militärischen Spionage-Raumstation. Um dessen Ursprünge zu verstehen, ist es sinnvoll, einen Blick auf die amerikanischen Weltraumrüstungspläne der Anfangszeit zu werfen.

Ein Atombomben-Raumgleiter mit Wurzeln in Hitler-Deutschland

Unmittelbar nach dem Start des ersten russischen Satelliten Sputnik initiierte die US Air Force im Oktober 1957 ein Projekt für eine bemannte Mini-Weltraumfähre. Die Anfänge dieses Konzepts reichen zurück bis ins Hitler-Deutschland der 1940er Jahre, wo der Konstrukteur Eugen Sänger am Konzept »Silbervogel« arbeitete. Sänger wurde 1905 in Pressnitz/Přísečnice geboren, einer Stadt im böhmischen Erzgebirge, die 1973 gesprengt wurde und dann in einem Stausee versank. Anfang der 40er Jahre entwickelte er ein Konzept zur Bombardierung Amerikas: Ein 28 Meter langes Raketenflugzeug »Silbervogel« sollte auf einer drei Kilometer langen Eisenbahnschiene starten und dann 145 Kilometer hoch in den Weltraum steigen. Mehrmals in die Atmosphäre eintauchend und wieder ins All aufsteigend, sollte das von einem Piloten gesteuerte Düsenvehikel Amerika erreichen und dort eine gewaltige Bombe abwerfen. Danach war an eine Wasserung im Pazifik gedacht. Im Jahr 1942, nach der Schlacht von Stalingrad, wurde das Silbervogel-Projekt vom Hitler-Regime gestoppt, da es technisch zu aufwändig war. Viel später wurde überdies ein Rechenfehler entdeckt: Der Silbervogel wäre beim Wiedereintritt in die Atmosphäre vermutlich verglüht.

Als Stalin von dem Konzept erfuhr, war er daran höchst interessiert. Unmittelbar nach Kriegsende versuchten sowjetische Agenten gemeinsam mit Stalins Sohn Wassili, den inzwischen in Frankreich lebenden Eugen Sänger zu einer Zusammenarbeit mit der Sowjetunion zu bewegen. Sänger weigerte sich, und auch eine von Stalin vorgeschlagene Entführung des Wissenschaftlers kam nicht zustande.

Der Leiter des NS-Raketenprogramms, Walter Dornberger, befand sich inzwischen in Wales in einem Kriegsgefangenenlager. Er war im Mai 1945 gemeinsam mit Wernher von Braun in Reutte (Tirol) von den Amerikanern festgenommen worden und sollte eigentlich als Kriegsverbrecher angeklagt werden. 1947 wurde Dornberger jedoch im Rahmen der »Operation Paperclip« nach Amerika geholt, um als Berater in militärischen Luftfahrtangelegenheiten zu arbeiten. Er versuchte dort, den US-Militärs das Konzept des militärischen Weltraumgleiters schmackhaft zu machen, wobei er diplomatischerweise nicht den unter Hitler kursierenden Namen »Amerika-Bomber« verwendete, sondern den unverfänglicheren Begriff »Antipoden-Bomber«. (Gemeint war damit die Bombardierung eines beliebigen Ortes auf der jeweils anderen Seite der Erde.)

Die von der US Air Force geplante bemannte Überschall-Miniraumfähre Dyna Soar (»X-20«) sollte spionieren, eigene Satelliten reparieren, sowie im Kriegsfall feindliche Satelliten zerstören und Atombomben auf Moskau oder Leningrad werfen. Testflüge waren ab 1968 geplant, ein Einsatz ab 1974. Einer der sieben Astronauten, die 1962 für den Atombomben-Raumgleiter trainierten, war übrigens Neil Armstrong, der später als erster Mensch den Mond betrat. Seine Involvierung in dieses geheime Waffenprogramm ist ein kaum bekannter, dunkler Aspekt in seiner Biographie.

Weltraumspione in Ost und West

Im Dezember 1963 wurde das teure und technisch hochkomplizierte Dyna-Soar-Programm gestoppt, da die Air Force erkannte, dass Atombomben mit Flugzeugen und Interkontinentalraketen weitaus einfacher transportiert werden konnten als mit einem bemannten Raumgleiter. Um die geheimen Atomraketensilos des Gegners auszuspionieren, wurden Mitte der 60er Jahre in Ost und West Konzepte für Spionageraumstationen entwickelt, deren Besatzungen das Territorium des Gegners mit automobilgroßen Kameras untersuchen sollten. In den USA handelte es sich dabei um das Projekt »Manned Orbiting Laboratory« (MOL) der US Air Force (ab Dezember 1963), in der Sowjetunion um das Programm »Almaz« (Studien ab 1964, Projektbeginn 1967).

Bis vor kurzem war über diese teuren und wissenschaftlich wertlosen Projekte nur wenig bekannt, da sie zum Teil immer noch der Geheimhaltung unterliegen. Ein Fernsehteam des US-TV-Senders »PBS« hat im Februar 2008 gemeinsam mit dem Buchautor James Bamford einige spektakuläre Aspekte beider Programme aufgedeckt [40]. In beiden Fällen handelte es sich um eine zylinderförmige Raumstation und eine kegelförmige Astronautenkapsel ähnlich dem Gemini-Raumschiff. Eine Luke im Hitzeschild ermöglichte eine Verbindung zwischen den beiden Flugkörpern.

Im Januar 1964 wurden auf der kalifornischen »Edwards Air Force Base« einige der besten Testpiloten des Landes versammelt. Sie begannen eine Basis-Ausbildung für ein Projekt, dessen Zielsetzung man ihnen nicht verriet. Die Besten von ihnen wurden für Flüge zur MOL-Raumstation ausgewählt, doch auch sie erfuhren nichts von den militärischen Spionageplänen. Vielmehr sagte man ihnen, sie würden irgendwelche wissenschaftlichen Experimente durchführen.

Niemand außerhalb von Militärführung und Regierung kannte die wirklichen Aufgaben des Programms. Wenn NASA-Astronauten über ihre Flugziele erzählten, mussten die anwesenden MOL-Astronauten schweigen, sie durften nicht einmal erwähnen, dass auch sie für Weltraumflüge trainieren. Am 3. November 1966 wurde in Cape Canaveral eine unbemannte »Blue Gemini«-Kapsel samt Attrappe der MOL-Raumstation zu Testzwecken gestartet. Bald kamen in US-Regierungskreisen jedoch Zweifel auf, ob angesichts der ungeheuren Kosten des Vietnamkrieges teure bemannte Spionagestationen im All wirklich leistbar sein würden. Die Air Force bekam außerdem Konkurrenz: Eine extrem geheime Spionage-Institution, das National Reconnaissance Office (NRO), dessen Name bis in die 90er Jahre nicht öffentlich erwähnt werden durfte, plante neue (unbemannte) Spionagesatelliten, die billiger und effektiver sein würden.

Am 10. Juli 1969 wurde das MOL-Programm beendet. Kein einziger der 14 MOL-Astronauten war ins All geflogen, sie wurden nun anderen Programmen zugeteilt. Erst seit kurzem kennen wir ihre Namen. Erstaunlicherweise kamen fast alle frühen Space Shuttle-Piloten aus dem MOL-Programm, etwa Robert Crippen (STS-1), Richard Truly (STS-2), Gordon Fullerton (STS-3), Henry Hartsfield (STS-4), Robert Overmyer (STS-5), Karol Bobko und Donald Peterson (STS-6). Viele MOL-Astronauten machten später Karriere: Richard Truly wurde NASA Administrator, James Abrahamson erhielt von Ronald Reagan die Leitung des gigantomanischen SDI-Programms (»Strategic Defense Initiative«, auch »Krieg der Sterne« genannt), und Robert Herres wurde stellvertretender Leiter der Joint Chiefs of Staff, also des militärischen Oberkommandos. Niemand von ihnen hatte bis zu jener TV-Dokumentation Anfang 2008 öffentlich über das MOL-Programm gesprochen.

In einem Air Force Museum in Dayton, Ohio, steht kaum beachtet in einem Eck eine Raumkapsel mit einer kreisrunden Luke im Hitzeschild. Sie ist ein Relikt der amerikanischen bemannten Weltraumspionage, die bereits endete, bevor sie richtig begonnen hatte.

Sowjetische Raumstationspläne

Als Reaktion auf die Pläne der US Air Force begann auch die Sowjetunion ab 1967 mit dem Bau von kosmischen Spionagestationen. Die sowjetischen Weltraumspione flogen jedoch tatsächlich ins All! Die Code-Bezeichnung für ihre militärischen Raumstationen lautete »OPS« (»*orbitalnaja pilotirujemaja stanzija*«, übersetzt »Gesteuerte Orbital-

Station«), später erhielten sie intern den Namen »Almaz« (»Diamant«).

Im August 1969 beschloss die sowjetische Führung angesichts der gravierenden Misserfolge des Mondprogramms, zivile Stationen ins All zu schicken. Zwei im Rohbau befindliche OPS-Stationen wurden auf Befehl von »oben« aus der Tschelomei-Raumschifffabrik in das Koroljow-Werk gebracht, um sie als wissenschaftliches Labor einzurichten. Sie bekamen intern die Bezeichnung »DOS« (»*dolgowremennaja orbitalnaja stanzija*«, »Langzeit-Raumstation«), sowie später den Namen »Saljut« (»Begrüßung«). Ab 1969 gab es also zwei parallele russische Raumstations-Programme, ein »ziemlich« geheimes ziviles, und ein zweites, das »top secret« war.

Der Befehl zum Umbau kam übrigens vom »Ministerium für Allgemeinen Maschinenbau«, was ein Deckname war. In Wirklichkeit war dieses Ministerium für die gesamte zivile und militärische Weltraumfahrt zuständig. Im Unterschied dazu lag der Aufgabenbereich des »Ministeriums für Mittleren Maschinenbau« in der Atomforschung.

Frühjahr 1971: Saljut 1 – Das erste Forschungslabor im Weltraum

Am 19. April 1971 ist es so weit: Zum ersten Mal wird eine Raumstation in den Weltraum geschossen. Sie ist 19 Tonnen schwer und fast 16 Meter lang. Eigentlich sollte sie »Zarya« (russ. »Morgenröte«) heißen, fünf Tage vor dem Start wird jedoch eine Namensänderung auf »Saljut« beschlossen, für eine Änderung der Beschriftung ist es da allerdings schon zu spät. In den 90er Jahren aufgetauchte Fo-

Abbildung 12: Die Besatzung von Sojus-11 beim Training im Raumschiffsimulator. Dobrowolski, Pazajew und Wolkow arbeiteten als weltweit erste Kosmonauten in einer Raumstation. Sie starben bei der Rückkehr zur Erde. (1971)

tos zeigen, dass auf der Schutzhülle der Station tatsächlich »Zarya« steht und nicht »Saljut«.

Eine Drei-Mann-Besatzung kann einige Tage später zwar an die Station ankoppeln, jedoch gelingt keine luftdichte Verbindung der Stutzen, und die Crew muss wieder zur Erde zurückkehren. Die Nachrichtenagentur TASS meldet, man habe lediglich den Kopplungsmechanismus testen wollen. Im Juni 1971 startet »Sojus 11« mit einer neuen Besatzung. Diesmal gelingt das Andocken, und die drei Männer beginnen einen dreiwöchigen Forschungsaufenthalt im All.

Forschung in Saljut 1

Immer wieder wird behauptet, die bemannte Raumfahrt diene nur Prestigezwecken, während die Wissenschaft eine vernachlässigbare Rolle spiele. Tatsächlich aber enthielten viele Raumstationen in Ost und West eine beachtliche Forschungsausrüstung. Details dieser wissenschaftlichen Programme gingen in der Medienberichterstattung meist unter, weil sich viele Journalisten mehr für Weltraumtoiletten und technische Pannen interessierten als für Experimente.

Da die engen Sojus-Schiffe kaum Platz für Forschungsgeräte boten, kann Saljut 1 als Beginn der bemannten Forschung im All angesehen werden. Ein zentrales Thema war etwa die Frage, wie sich tagelange Schwerelosigkeit auf Menschen auswirkt: auf die Knochendichte, das Gleichgewichtsorgan im Innenohr, den Energieverbrauch, die Lunge, das Herz-Kreislauf-System, etc. Elektrokardiogramme, Seismokardiogramme (Messung der Pulsstöße des Herzens außen an der Brust) und die Entnahme von Blutproben sollten zeigen, was sich im All verändert.

In speziellen Behältern wurden außerdem Algen und höhere Pflanzen kultiviert, um auch deren Reaktion auf die Schwerelosigkeit zu beobachten. Frisch im All geschlüpfte Kaulquappen wurden eingefroren, um in irdischen Labors zu untersuchen, ob sich trotz Schwerelosigkeit Sinneszellen für die Schwerkraft bilden. Viele irdische Lebensformen besitzen Organe, mit denen sie die Richtung nach »unten«, zum Erdboden, spüren. Manche wirbellosen Tiere (beispielsweise Quallen) verfügen über eine Art Behälter (Statocyste), in dem winzige, »fühlende« Haaren die Position eines Körnchens spüren. Ähnlich funktioniert das Gleichgewichtsorgan der Wirbeltiere (von der Kaulquappe bis zum Menschen), das sich in der Nähe des Innenohrs befindet. Es meldet dem Gehirn, wo »unten« ist, und ob sich der Kopf bewegt oder dreht. Deshalb fühlt man sich nach dem Walzertanzen kurz schwindlig, weil die Körnchen (Otolithen) eine Zeit lang weiter kreisen. Im Weltraum fliegen die Körnchen schwerelos in alle Richtungen und senden den Sinneshaaren völlig verrückte Signale, was wie erwähnt Unwohlsein auslösen kann. Höhere Pflanzen und manche Algen besitzen ebenfalls Organe zum Wahrnehmen der Schwerkraft, damit ihre grünen Teile nach oben zum Licht, die Wurzeln hingegen nach unten wachsen können.

Auch die wunderschöne, farbenprächtige Erde wurde in Saljut 1 wissenschaftlich untersucht: Ein »Spektrograph« konnte auf die Atmosphäre am Rand der Erdkugel und auf Kontinente und Ozeane ausgerichtet werden. Die von einem Punkt kommende Strahlung wurde in alle Spektralfarben aufgefächert, was beispielsweise Informationen über die Zusammensetzung der Atmosphäre lieferte. Die »Multispektralkamera« hingegen produzierte großflächige Fotos der Erdoberfläche in ausgewählten »Farben« (Wellenlängen), darunter auch im Infrarot und Ultraviolett.

Erstmals konnten die Sojus-11-Kosmonauten vom Weltraum aus die geheimnisvollen »leuchtenden Nachtwolken« (»noctilucent clouds«) beobachten und mit dem Spektrograph untersuchen. Dieses seltsame Phänomen ist von der Erde aus nur selten sichtbar, es handelt sich um hauchdünne, silbrig schimmernde Wolken, die extrem hoch in der Atmosphäre schweben, in mehr als 80 Kilometer Höhe.

Auch der Weltraum war ein zentrales Forschungsthema. In Saljut 1 gab es ein Teleskop »Orion«, das die ultraviolette Strahlung heißer Sterne sichtbar machte. Kosmonaut

Wiktor Pazajew war demnach der erste Mensch, der in einer kosmischen Sternwarte ein Teleskop bediente. Außerdem war ein Gammastrahlen-Teleskop an Bord, bei dem sich aber, so wird berichtet, eine Schutzkappe außen am Gerät nicht löste.

Gammastrahlung ist noch energiereicher als UV- und Röntgenstrahlung. An dieser Stelle sei ein merkwürdiges Phänomen erwähnt, auch wenn dieses nicht direkt mit Saljut 1 in Verbindung steht: Amerikanische »Vela«-Spionagesatelliten, mit denen man oberirdische sowjetische Atomtests entdecken wollte, fanden ab Juli 1967 kurzzeitige heftige Ausbrüche von Gammastrahlen, die jedoch offensichtlich nicht von Atomexplosionen stammten. 1973 gelang der Beweis, dass sich die Quellen dieser »Gammablitze« weit draußen im Universum befinden. Seit damals wird dieses Phänomen intensiv erforscht. Der aktuelle Forschungsstand besagt, dass die ganz kurzen Gammablitze (unter zwei Sekunden) durch den Zusammenstoß zweier Neutronensterne entstehen könnten. Dabei handelt es sich um kollabierte alte Sterne, deren Durchmesser etwa einer großen Stadt entspricht und von denen sich einige mehr als 600 Mal pro Sekunde (!) um sich selbst drehen. Wenn zwei solcher Kugeln zusammenstoßen, gibt es einen gigantischen Lichtblitz aus Gammastrahlung, der anschließend das halbe Universum durcheilt. Was für eine schaurige Vorstellung!

Die »längeren« Gammablitze dauern typischerweise eine halbe Minute oder länger. Sie könnten von ungeheuren Sternexplosionen stammen, von außerordentlich großen Sternen, in denen der »Brennstoff« für die Kernfusion aufgebraucht ist.

Die Innenansicht der Raumstation Saljut 1 war von Kontrollpulten und Steuerungssystemen geprägt. Neben den Schaltern und Warnleuchten enthielten die Pulte auch einen Fernsehbildschirm, Systeme für den Funkkontakt zur Erde, sowie einen Erd- und einen Himmelsglobus. Im hinteren Teil der Station befanden sich Essens- und Wasservorräte, sportliche Übungsgeräte, das erwähnte Teleskop, eine Kamera, sowie die Toilette. Über eine kleine, kugelförmige Luftschleuse konnte Forschungsmaterial dem freien Weltraum ausgesetzt werden. Die Triebwerke und Treibstofftanks waren außen am hinteren Ende der Station montiert. Und schließlich gab es ein Lebenserhaltungssystem, das Sauerstoff lieferte, ausgeatmetes Kohlendioxid beseitigte sowie die Temperatur in der Station regelte.

Juni 1971: Landung ohne Raumanzug

Viele Tage lang arbeiten die Sojus-11-Kosmonauten erfolgreich in der Raumstation. Am elften Tag bemerken sie allerdings Brandgeruch und leichte Rauchschwaden und ziehen sich sicherheitshalber in ihr Sojus-Raumschiff zurück. Anscheinend gibt es ein Problem mit dem Sauerstoff-Regenerationsapparat, der Flug kann jedoch fortgesetzt werden.

Eine ähnliche Anlage geriet im Februar 1997 an Bord der Raumstation MIR in Brand. Der deutsche Kosmonaut Reinhold Ewald, der das Vorwort zu diesem Buch schrieb, war damals gerade zu Gast in der Station.

Kurz vor der Rückkehr zur Erde, am 27. Juni 1971, erfahren die Kosmonauten, dass auch die dritte N1-Mondrakete beim Start gescheitert ist. Zwei Tage später kommt der Zeitpunkt der Heimkehr. Nach dem Ablegen machen die Russen durch das Bullauge noch einige Fotos der im All schwebenden Station. Über Funk sprechen sie mit der Bodenkontrolle und leiten dann die Bremszündung ein. Plötzlich herrscht Funkstille im Äther. Es gibt keine Bestätigung über die erfolgreiche Abbremsung, keine Berichte über die Annäherung an die Atmosphäre. Beim Durchfliegen der dichten Luftschichten ist kein Funkverkehr möglich, doch auch danach bleibt das Raumschiff stumm.

Erleichtert entdecken die Einsatzkräfte per Radar die Kapsel, wie sie in rund 7000 Metern Höhe am Fallschirm herabsinkt. Kurz nach dem Aufsetzen landen direkt neben ihr vier Helikopter mit Bergungsteams, um der Crew herauszuhelfen und den 23-tägigen Langzeitflug zu feiern.

Die Luke wird geöffnet, in den Sitzen befinden sich die Leichen der drei Kosmonauten. Verzweifelt versucht man eine Wiederbelebung, doch alle Mühe ist vergeblich.

Später zeichnet sich folgendes Szenario ab: Die planmäßige Absprengung von Antriebsteil und Orbitalteil nach der Bremszündung beschädigte offenbar ein Ventil, das kurz vor der Landung frische Luft in die Kapsel einströmen lassen soll, wenn das Raumschiff schon tief unten in der dichten Atmosphäre schwebt. Durch die Erschütterung öffnete es sich schon im luftleeren Weltraum, der Luftdruck in der Kapsel fiel rasend schnell und führte zum Tod der Kosmonauten. Es ist heute kaum vorstellbar, aber seit dem Jahr 1964 flogen die russischen Kosmonauten ohne lebensrettende Druckanzüge. Wenn man Fotos von damals sieht, glaubt man, Spaziergänger auf einer Wanderung vor sich zu haben.

Nun wussten die Techniker auch, warum das Funkgerät abgeschaltet worden war. Um das Zischen der ausströmenden Luft lokalisieren zu können, hatten die Kosmonauten den rauschenden Sprechfunk abgedreht. Die Tragödie von

1971 blieb bis zum heutigen Tag der letzte tödliche Unfall während eines russischen Weltraumfluges.

1971/72: Der Absturz der zweiten Raumstation

Wegen der langwierigen Untersuchung der Unfallursachen konnte Saljut 1 kein zweites Mal besucht werden, da ihr Flug durch hauchfeine Spuren der Atmosphäre langsam abgebremst wurde und nicht genug Treibstoff vorhanden war, um das Absinken ihrer Bahn aufzuhalten. Im Oktober 1971 ließ man die Station über dem Pazifischen Ozean verglühen.

Während im Raketenwerk weitere zivile DOS-Stationen gebaut wurden, startete im Juni 1972 ein unbemanntes Sojus-Schiff (»Kosmos 496«) und testete die neuen Sicherheitsmaßnahmen. Am 29. Juli 1972 verließ eine Proton-Rakete donnernd die Startrampe, um die »DOS-2«-Station ins All zu tragen. Doch die zweite Raketenstufe versagte, und die Raumstation stürzte in den Pazifischen Ozean. Nachdem die Station keine Umlaufbahn erreicht hatte, bekam sie nicht einmal eine »Kosmos«-Tarnbezeichnung. Ihre Existenz wurde jahrzehntelang verschwiegen und fehlt auch heute noch in vielen Auflistungen.

Inzwischen war die erste geheime Spionage-Raumstation »Almaz« startbereit. Ihr Bau hatte sich jahrelang verzögert, schon seit 1966 trainierten Kosmonauten für diese Missionen.

Almaz – eine Raumstation mit Teleskop und Kanone

Die rund 16 Meter langen und 20 Tonnen schweren Almaz-Spionagestationen besaßen ein mächtiges Teleskop, das nicht in den Weltraum, sondern auf die Erde gerichtet war. Die Kosmonauten konnten beobachten, welche Typen von Kampfflugzeugen auf US-Flugzeugträgern stationiert waren, wo in Amerika neue Atomraketensilos errichtet wurden, und welche Atom-U-Boote in den Häfen lagen. Die belichteten Filme wurden an Bord der Station entwickelt und mit eigenen Kapseln zur Erde geschickt. Spionagesatelliten, die digitale Fotos machen und verschlüsselt zur Erde funken, gab es erst später, in den USA ab 1976 mit der Satellitenserie »Keyhole-11«.

Für Außenbordarbeiten standen verbesserte Raumanzüge zur Verfügung, die aus dem sowjetischen Mondprogramm stammten. Da man einen Angriff auf die Raumstation im Kriegsfall für möglich hielt, gab es außen sogar eine Art Schusswaffe des Typs »Nudelman« mit Kaliber 23, die von einem Kontrollpult in der Station bedient werden konnte.

Die Ängste waren nicht völlig unbegründet: Ein bis vor kurzem noch geheimes Dokument des US-Spionage-Raumstationsprojekts MOL erwähnt das zukünftige Ziel, »feindliche«, also russische Satelliten aus der Nähe zu inspizieren, von der Bahn abzubringen oder sogar zu zerstören. Wladimir Poljatschenko, Chefkonstrukteur der Almaz-Raumstation, meinte Anfang 2008 gegenüber einem westlichen Kamerateam: »Natürlich waren wir informiert, dass die Amerikaner daran arbeiteten, Killersatelliten zu konstruieren. Daher haben wir eine Kanone entwickelt, die auf der Raumstation montiert wurde. Wir wollten sie testen und sehen, wie sie im Weltraum funktioniert.« [40]

Ursprünglich sollten die Almaz-Raumstationen ein eigenes, von Sojus unabhängiges Zubringersystem für Menschen und Fracht besitzen. Es handelte sich dabei um große Frachtraumschiffe mit der Bezeichnung »TKS« (*transportny korabl snabschenija*, russ.: »Transportschiff für Versorgungszwecke«), die mit mächtigen Proton-Raketen starten sollten.

Sowohl auf den Almaz-Stationen, als auch auf den TKS-Frachtern konnte beim Start eine kegelförmige Kosmonautenkapsel befestigt werden. Diese Drei-Personen-Kapsel »VA« (*vozvraschaemyi apparat*, russ.: »Wiederverwendbare Rückkehrkapsel«) ähnelte der amerikanischen Apollo-Kapsel und hatte, wie das Gemini-B-Raumschiff des amerikanischen MOL-Programms, mitten im Hitzeschild eine Luke, um von der Raumkapsel in das Fracht-Modul oder in die Spionagestation zu schweben.

Auch die Russen sorgten sich allerdings, ob die in den Hitzeschild geschnittene Luke bei den hohen Temperaturen des Atmosphären-Wiedereintritts nicht einen tödlichen Unfall auslösen könnte. Es gab daher in der Sowjetunion Widerstände gegen eine bemannte Verwendung dieser Raumkapseln. Überdies traute man den anfangs oft explodierenden Proton-Raketen noch nicht so ganz, und so wurden die Almaz-Raumstationen zunächst auf Sojus-Betrieb umgerüstet.

Im Frühjahr 1973 erlebte der Wettlauf im All wieder einmal eine Zuspitzung: Die NASA plante für Mai den Start einer Saturn-5-Rakete mit dem großen Forschungslabor Skylab. Gleichzeitig wurden in Russland zwei (!) Raumstationen parallel zum Start vorbereitet: eine zivile Raumstation des Typs DOS/Saljut – und eben die erste geheime militärische Almaz- Raumstation.

Frühjahr 1973: Eine Raumstation ohne Luft und eine zweite ohne Treibstoff

Mit lautem Getöse startete am 3. April 1973 eine Proton mit ihrer geheimen, 20 Tonnen schweren Nutzlast: der ersten Raumstation, die der Spionage dienen sollte. Der Start ließ sich zwar nicht verheimlichen, da westliche Antennen das große, um die Erde kreisende Objekt rasch orten konnten. Aber zumindest konnte die Nachrichtenagentur TASS falsche Informationen streuen und den Eindruck erwecken, die Station »Saljut 2« sei eine »normale« zivile Raumstation und baugleich wie Saljut 1.

Im Westen merkten professionelle Raumfahrtbeobachter jedoch bald, dass diese Station irgendwie anders war: Die merkwürdige Funkfrequenz 19.944 MHz war bei bisherigen Raumflügen nie verwendet worden. Der CIA war dieser Funkkanal jedoch nicht unbekannt: Auf ihm sendeten die sowjetischen Spionagesatelliten ihre Signale zur Erde. Da die Bezeichnungen »Almaz« und »OPS« im Westen unbekannt waren, nannte man diesen Stationstyp ab nun »militärische Saljut«.

Was in den Tagen nach dem Start genau passierte, darüber geben die spärlichen Berichte unterschiedliche Auskunft. Eigentlich sollten die Kosmonauten Popowitsch und Artjuchin am 13. April mit einem Sojus-Schiff zur Almaz fliegen, doch die Station hatte massive Probleme: Sie verlor Luft. Möglicherweise hatte das Zünden des Triebwerks einen Riss in der Station verursacht. Ein anderer Bericht sagt, die oberste Stufe der Proton-Rakete sei in geringer Entfernung explodiert, herumfliegende Trümmer hätten daraufhin Löcher in die Raumstation geschlagen. Jedenfalls entwich bald die gesamte Luft, was zu einem Versagen der Energieversorgung und der Funkverbindung führte, da deren Elektronik nicht für den Betrieb im Vakuum konzipiert war. Am 11. April wurden bei einem ungeklärten Unfall anscheinend auch noch die Solarzellenflügel der Station abgerissen.

Ende Mai verglühte Almaz-1 jedenfalls in der Erdatmosphäre. Die Nachrichtenagentur TASS teilte ungerührt mit, die Raumstation habe lediglich den Zweck gehabt, einige Systeme im unbemannten Betrieb zu erproben.

Nur einen Monat später, am 11. Mai 1973, startete eine Proton-Rakete mit der zivilen Raumstation DOS-3. Die Station erreichte zwar eine Erdumlaufbahn, ein defekter Sensor verwirrte jedoch den Computer, und das Lagesteuerungssystem verbrauchte binnen kurzer Zeit enorm viel Treibstoff. Die Techniker in der Bodenkontrolle trauten ihren Augen nicht, als die Bildschirme anzeigten, dass der gesamte, auf monatelangen Betrieb ausgelegte Treibstoff verbraucht worden war.

Die Station war nun unbrauchbar, und die TASS verschwieg, dass es sich bei dem 20 Tonnen schweren Flugkörper um eine Raumstation gehandelt habe. Man sprach nur kryptisch von einem »Satelliten Kosmos 557«, der seine Aufgabe erfüllt habe.

Abbildung 13: Eine der ersten Raumstationen (DOS-3) wird im Mai 1973 mit einem Eisenbahnwaggon von der Montagehalle zur Startrampe gebracht. Sie trägt (links hinten im Bild) die Aufschrift »Saljut 2«. Wegen technischer Probleme wurde sie offiziell nur als »Kosmos 557« bezeichnet und verglühte nach elf Tagen.

Juni 1974: Saljut 3 – Eine Spionage-Raumstation geht in Betrieb

Im Juni 1974 wurde eine neue Almaz-Station zur Startrampe transportiert. Sie war mit Planen zugedeckt, damit amerikanische Spionagesatelliten nicht sehen konnten, um welches Objekt es sich handelte. Der Start verlief erfolgreich, und es gelang den russischen Technikern nach drei gescheiterten Projekten endlich wieder, eine Raumstation in Betrieb zu nehmen. Offiziell wurde Almaz-2 als »Saljut 3« bezeichnet, es sei eine ganz normale Forschungsstation, hieß es. Fotos oder Diagramme der Station wurden nicht veröffentlicht.

Bereits am 3. Juli startete ein Sojus-Schiff mit den Kosmonauten Pawel Popowitsch und Juri Artjuchin, flog zur Station und dockte an. Die beiden Russen waren die ersten Spione im Weltraum. Ihr Arbeitsbereich enthielt viele Sensoren für die Erdbeobachtung, beispielsweise die mächtige Agat-Kamera, zwei Tonnen schwer, mit riesigen Teleskopspiegeln im Inneren, die nicht ins Universum, sondern hinunter auf die Erde blickten. »Aus einer Höhe von 250 Kilometern über der Erde konnten wir Dinge erkennen, die bloß einen halben Meter groß sind«, erzählt Wladimir Poljatschenko, Chefkonstrukteur der Almaz-Station [40]. »Wir konnten nicht nur Autos erkennen, wir konnten sogar sehen, ob es ein Ford oder ein Toyota war!« Während jeder fotografischen Aufnahme vollführte die mit 28.000 Kilometer pro Stunde dahin rasende Station, von den Gyroskop-Drehkreisen gesteuert, eine leichte Drehung, damit die Flugbewegung ausgeglichen und das gewünschte Objekt möglichst scharf abgebildet wird.

Ein elektronisch gesteuerter Erdglobus zeigte ständig an, über welchem Teil des Planeten sich Almaz befand, und ein Bildschirm präsentierte überdies die aktuelle Landkarte des unten liegenden Gebietes. Außerdem gab es ein Zoomfernrohr, mit dem genauer hingeblickt werden konnte. Waleri Romanow, ein Kosmonaut, der für Flüge mit dem TKS-Raumschiff zur Almaz-Station ausgebildet wurde, jedoch nie im All war, schilderte Anfang 2008 gegenüber Reportern den genauen Ablauf: »Auf dem Panorama-Schirm sahen wir die Erdoberfläche und konnten auf interessante

Objekte hinzoomen. Beispielsweise flogen wir über den Ozean und sahen ein fremdes Kriegsschiff. Wir richteten die Station samt Teleskop genau aus und fotografierten es hochauflösend. Dann drehten wir in der Station alle Lichter ab, legten den belichteten Film in einen Behälter mit Entwicklerchemikalien und spannten den fertigen Film auf einen Leuchtschirm. Mit einer Videokamera filmten wir dann die interessantesten Teile und übertrugen das Bild elektronisch zur Erde. Etwa eine Stunde nach der Aufnahme hatte die Bodenstation das fertige Bild.« Die fertigen, hochauflösenden Filme konnten außerdem mit einer 85 Zentimeter großen Kapsel zur Erde geschickt werden. Jedes Foto am breiten Filmstreifen hatte das Format 50 mal 50 Zentimeter.

Chefkonstrukteur Poljatschenko erinnert sich an Befürchtungen, die Station könnte durch das heftige Abschießen der Kanone Schaden nehmen. Erst im Januar 1975, als niemand mehr an Bord war, wurden ferngesteuert drei Testschüsse abgegeben. Sie verursachten massive Vibrationen, jedoch keine größeren Schäden.

Abbildung 14: Zwei sowjetische »Weltraumspione« vor dem Start zur Raumstation »Almaz-3« (»Saljut 5«): Juri Glaskow und Wiktor Gorbatko (Februar 1977)

Viktor Gorbatko, der 1977 in der dritten Almaz-Station arbeitete, erinnert sich, wie er gemeinsam mit einem anderen Kosmonauten über New York flog und sogar Menschen in den Straßen erkennen konnte. Die beiden Raumfahrer notierten Anzahl und Art der Flugzeuge auf US-Militärbasen und beobachteten Kriegsschiffe auf dem Ozean. Gorbatko sieht einen gravierenden Unterschied zwischen Waffen im Weltraum einerseits und Spionage vom All aus andererseits. »Meine Mission hatte einen friedlichen Charakter. Wir haben auf Nichts geschossen. Wir haben bloß Fotos gemacht. Wir waren einfach Weltraumspione.« [40]

Tatsächlich bremsten Spionagesatelliten und Almaz-Stationen das Wettrüsten, da die genauen Informationen über den Gegner zur Vertrauensbildung beitrugen. Die gegenseitige Beobachtung vom All aus war sogar eine Voraussetzung für die SALT- und START-Verträge, bei denen es um die Limitierung und Reduzierung der wahnwitzigen Atomwaffenarsenale ging. Denn nur so konnte überprüft werden, ob die Raketen auch tatsächlich abgebaut und zerlegt wurden.

Saljut 4 – Ein Forschungslabor im All

Ende 1974 wurde die zivile DOS-Raumstation »Saljut 4« in den Weltraum geschossen, eine »richtige« Saljut. Im Zentrum der Forschungen standen Beobachtungen des Weltraums und der Erde [33]. Wichtigstes Bordinstrument war ein großes Sonnenteleskop mit einem 25-Zentimeter-Spiegel und 2,5 Meter Brennweite, eine adaptierte Version des zur Erde gerichteten Spionageteleskops der Almaz-Stationen. Vom All aus konnte man die riesigen Gasschlingen (Protuberanzen) beobachten, die von der Sonnenoberfläche entlang des starken Magnetfeldes bis zu 40.000 Kilometer weit in den Weltraum hinausgeschleudert werden. Eigenartig waren auch die dünnen Gasmassen rund um die Sonne, die sich Millionen Kilometer weit ins All erstrecken. Während die leuchtende Sonnenoberfläche »nur« etwa 5500 Grad Celsius heiß ist, erreicht diese »Korona« eine ungeheure Temperatur von bis zu zwei Millionen Grad. Der genaue Mechanismus dieser Aufheizung (vielleicht durch eine Art akustische Druckwellen) ist bis heute umstritten. Auf der Erde ist die Korona nur bei einer totalen Sonnenfinsternis für wenige Minuten als leuchtender Schimmer sichtbar.

Saljut 4 war ein sehr erfolgreiches Forschungsprojekt, allerdings musste am 5. April 1975 eine der Besatzungen kurz nach dem Start im Altai-Gebirge notlanden, wie bereits in der Einleitung geschildert wurde.

Oktober 1976: Sojus 23 – Eine Raumkapsel treibt zwischen Eisschollen

Im Jahr 1976 fliegen wieder Spionagekosmonauten ins All, um an Bord der Almaz-Station OPS-3 (»Saljut 5«) zu arbeiten. Eine dieser Besatzungen gerät dabei in eine ziemlich gefährliche Situation.

Schon der Beginn des Fluges von Wjatscheslaw Sudow und Waleri Roschdestwenski im Oktober 1976 steht unter keinem besonders guten Stern. Als die Kosmonauten zur Startrampe fahren, wird unterwegs der Bus defekt, und es muss ein Ersatzbus geholt werden. Kurz nach dem Abheben bringen heftige Winde die Rakete vom Kurs ab, so-

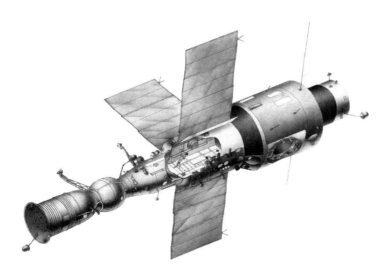

Abbildung 15: Raumstation »Saljut 4«: Links das Sojus-Zubringer-Raumschiff, in der Mitte und rechts die Raumstation mit drei Solarzellenflügeln. Eine gezeichnete »Öffnung« zeigt das Innere der Station mit zwei Kosmonauten. Im großen Zylinder rechts die kreisrunde Öffnung für ein astronomisches Teleskop.

dass beinahe wieder ein Notabschuss des Raumschiffs nötig wird. Und schließlich scheitert auch noch die Kopplung mit der Raumstation.

Da die Sojus-Raumschiffe zu dieser Zeit keine Solarzellenflügel besitzen, müssen die Raumfahrer rasch wieder zur Erde zurückkehren, ehe die Batterien leer sind. Es ist inzwischen Nacht im Landegebiet, und Wladimir Schatalow, der Leiter der Kosmonautenausbildung, funkt mit besorgter Stimme, dass die Kosmonauten nach der Landung in der Kapsel bleiben sollen, da das Wetter sehr unerfreulich sei. Stürmischer Wind, ja sogar ein Schneesturm wird erwartet.

Zunächst läuft alles nach Plan: Das Raumschiff schießt wie geplant mit hoher Geschwindigkeit in die dichten Schichten der Erdatmosphäre hinein. Der Sturm in großer Höhe verdriftet allerdings die am Fallschirm hängende Kapsel um mehr als 120 Kilometer. Es ist Nacht, dichter Nebel verhüllt die Gegend, und es hat eisige minus 22 Grad.

Die beiden Männer erwarten das harte Aufschlagen des Landeapparats auf dem Boden. Stattdessen gibt es jedoch ein weiches Aufklatschen: Die Kapsel ist in einen teilweise zugefrorenen, 32 Kilometer großen Salzsee gestürzt, in das matschige, salzige Eis des Tengiz-Sees. In völliger Finsternis schwimmt sie nun rund acht Kilometer vom Ufer entfernt zwischen großen Eisschollen. Da die Kapsel auf die Seite gekippt ist, ist es unmöglich, die Luke zu öffnen, weil sonst eisiges Salzwasser zu den Männern hereinströmen und das Raumschiff samt Kosmonauten absaufen würde. Das unmittelbare Problem besteht zunächst darin, dass der Sauerstoff in der Kapsel nur für etwa zwei Stunden reichen wird.

Abbildung 16: Die beiden Sojus-23-Kosmonauten Sudow und Roschdestwenski landeten 1976 im eisbedeckten Tengiz-See und konnten erst nach vielen Stunden gerettet werden. (Foto vom August 1975)

Immerhin gelingt es, ein kleines Luftventil zu öffnen, durch das genug Luft hereinströmt, um ein Überleben für einige weitere Stunden zu ermöglichen.

Noch ist den Männern heiß vom Abstieg, doch die Kapsel kühlt im eisigen Wasser rasch aus. Die Männer entledigen sich ihrer Druckanzüge und essen einen Teil der Notration, die jedes Raumschiff mitführt. Eigentlich rechnen sie mit einer baldigen Rettung.

Der Nebel über dem mit Eisschollen bedeckten nächtlichen See ist allerdings so dicht, dass die Hubschrauber das Blinklicht des im Wasser treibenden Raumschiffs nicht sehen. Nach einer Viertelstunde bewirkt die Korrosion des Salzwassers, dass die Sprengladungen zum Auswerfen des Reservefallschirms explodieren und den Fallschirm auswerfen. (Dieser wird bei einer planmäßigen Landung nicht verwendet und kommt nur zum Einsatz, wenn die Öffnung des Hauptfallschirms misslingt.) Der Fallschirm füllt sich sofort mit Salzwasser und zieht an der Kapsel. Diese dreht sich, und Sudow hängt, im Sitz angegurtet, jetzt über Roschdestwenski. Um den Sauerstoffverbrauch zu verringern, schweigen die Männer und bewegen sich nicht mehr.

Die Bergungsteams empfangen kein Funksignal, vermutlich deshalb, weil sich die Signalantenne von Sojus unter Wasser befindet. Durch Zufall findet einer der im nächtlichen Nebel kreisenden Hubschrauber die Kapsel. Trotz des böigen, mit 70 Kilometer pro Stunde pfeifenden Windes wagt sich der Pilot bis auf wenige Meter zum Wasser hinunter und leuchtet mit dem Scheinwerfer auf die Kapsel. Ob dabei ein Funkkontakt mit den Kosmonauten gelingt, darüber differieren die Berichte. Innen an der eiskalten Kapselwand kondensiert die Feuchtigkeit der ausgeatmeten Luft und bildet bereits eine dünne Eisschicht. Immer dichter wird der Nebel über dem See, und es beginnt zu schneien.

Das Bergungsteam im Hubschrauber hat kein Schlauchboot dabei, und eine Abseilaktion misslingt. Wegen Treibstoffmangels müssen die Männer schließlich ans Land zurückfliegen, und auch die anderen Hubschrauber scheitern im stürmischen Wind. Am Ufer werden inzwischen Amphibienfahrzeuge abgesetzt, die über die Wasserfläche zur Kapsel vordringen sollen, sie bleiben allerdings in den unwegsamen Ufersümpfen stecken. Gleichzeitig werden Schlauchbootflöße eingesetzt, sie scheitern jedoch an den zahllosen Eisschollen und dem matschigen Salzwasser-Eis. Alle Versuche, über das Wasser oder die Luft zu den Kosmonauten vorzudringen und Hilfe zu leisten, misslingen, und so wird beschlossen, auf das Ende der Nacht und das erste Morgengrauen zu warten.

Die Raumfahrer schalten inzwischen alle elektrischen Systeme ab, um Energie zu sparen. Die Sauerstoffknappheit macht jedoch große Probleme: Das Belüftungsloch ist seit dem Auswerfen des Fallschirms unter die Wasseroberfläche gedreht worden, die Kosmonauten haben es verschlossen, damit kein Wasser eindringt.

Zwischenzeitlich gibt es Funkkontakt zu den Bergungsteams, jedoch sind die Stimmen der Kosmonauten kaum verständlich. Irgendwann berichtet Roschdestwenski, dass sein Kamerad durch den Sauerstoffmangel zeitweise bewusstlos geworden sei. Dann bricht der Kontakt wieder ab, weil die Funkantenne erneut unter Wasser gerät.

Inzwischen, noch bei völliger Dunkelheit, versuchen erneut mehrere Boote, zur Kapsel vorzudringen. Die meisten bleiben im Eis stecken, ein Boot aber ist erfolgreich. Neben der Kapsel treibend, können die Helfer zunächst wenig ausrichten. Doch dann schwebt ein Helikopter heran und wirft weitere Schlauchboote und andere Ausrüstungen ab.

Langsam beginnt im Osten das erste Morgengrauen. Ein Mi-8 Schwerlast-Hubschrauber, der 20 Tonnen transportieren kann und ein Mi-6 Helikopter mit Froschmännern treffen am Ufer ein. Kurzfristig gibt es Treibstoffmangel, doch dann fliegt ein Helikopter mit Rettungseinheiten der Stadt Karaganda zu der Kapsel und setzt einen Taucher mit einem Schlauchboot ab. Dieser verständigt sich mittels Klopfsignalen mit den Kosmonauten, es gelingt jedoch nicht, die Kapsel so zu drehen, dass die Luke nach oben zeigt und geöffnet werden kann.

Es wird daher ein Seil an der Kapsel befestigt, und der Schwerlast-Helikopter versucht, das Raumschiff zwischen den Eisschollen hindurch in Richtung des acht Kilometer entfernten Ufers zu ziehen. Beinahe stürzt der Hubschrauber ins eisige Wasser, weil das Gewicht des an der Kapsel hängenden, wassergefüllten Reservefallschirms so groß ist. Nach endlosen 45 Minuten gelingt es, das Ufer zu erreichen.

Während dieser Zeit war kein Funkkontakt zu den Kosmonauten möglich, und die Rettungskräfte sind einigermaßen überrascht, als Sudow und Roschdestwenski erschöpft und erleichtert von innen die Luke öffnen. Man hat eigentlich befürchtet, sie seien während der letzten Stunde erfroren oder erstickt. Keiner der beiden Männer trägt irgendwelche Langzeitschäden davon, allerdings fliegt keiner von ihnen jemals wieder ins Weltall.

Acht Jahre später wird die dramatische Rettung in einer sowjetischen Zeitung kurz erwähnt. Die haarsträubenden Details kommen jedoch erst Jahrzehnte später ans Licht.

Ende der 1970er Jahre: Ein »Radioaktiv«-Schild schützt versteckte Raumstationen

Noch vor dem Beginn der Flüge zur Raumstation Almaz-3 wurde in der Raumschiffwerft des Konstrukteurs Wladimir Tschelomei emsig an der Nachfolgestation »OPS-4« (Almaz-4) gebaut. Diese sollte neben einem Erdbeobachtungsteleskop erstmals auch ein SAR-Radar (Synthetic Aperture Radar) besitzen, das im Gegensatz zu optischen Teleskopen durch Wolken blicken kann. Bisher brauchten die Amerikaner ja bloß auf Schlechtwetter zu warten, um irgendwelche geheimen Operationen durchzuführen, die den Sowjets verborgen bleiben sollten. Ursprünglich war geplant, auf der Almaz-4 eine VA-Kapsel zu montieren, damit gemeinsam mit der Station drei Kosmonauten mitfliegen könnten. Doch dann wurde die Kapsel weggelassen und durch einen zweiten Kopplungsstutzen ersetzt, an dem TKS-Frachtraumschiffe andocken können.

Schon lange gab es intern Kritik, dass Almaz-Raumstationen teuer und wenig effektiv seien und unbemannte Spionagesatelliten besser arbeiten würden. Verteidigungsminister Andrej Gretschko galt jedoch als engagierter Förderer von Almaz-Konstrukteur Tschelomei und daher als Befürworter der Spionage-Stationen. Gretschko starb im April 1976, und sein Nachfolger, Verteidigungsminister Dmitri Ustinow, stand auf der Seite von Tschelomeis Konkurrent Walentin Gluschko. Dieser bekam einen Sitz im Zentralkomitee der KPdSU und vereinte nun die gesamte Macht der sowjetischen Raumfahrt in seinen Händen.

Die Flüge zur Almaz-3-Station gingen zwar noch bis

Frühjahr 1977 weiter, Verteidigungsminister Ustinow befahl jedoch die Vernichtung aller weiteren, halbfertigen Almaz-Stationen. Doch dann geschah etwas absolut Skurriles. Die Sache war so geheim, dass man damals nicht nur im Westen, sondern sogar an der sowjetischen Staatsspitze nichts davon wusste. Tschelomei wollte nicht zusehen, wie seine kostbaren Militär-Raumstationen zu Schrott gepresst werden und ließ sie deshalb heimlich zerlegen und abgedeckt in einem abgelegenen Winkel seines Raketenwerks deponieren. Damit kein staatlicher Inspektor die Teile entdecken kann, wurden rundherum Schilder mit der Aufschrift »Vorsicht – Radioaktive Strahlung!« platziert. (Laut anderen Berichten trugen die Schilder die Beschriftung »Nicht eintreten – scharfe Sprengladungen«.)

Rund acht Jahre später, im Dezember 1984, starben sowohl Konstrukteur Wladimir Tschelomei als auch Verteidigungsminister Dmitri Ustinow. Tschelomei erlebte daher nicht mehr, dass nach Ustinows Tod die »Ächtung« seiner Raumschiffwerft aufgehoben wurde. Sein Nachfolger berichtete dem neuen Verteidigungsminister von den »versteckten« Raumstationen, die trotz neunjähriger Lagerung in ausgezeichnetem Zustand waren, bis auf eine Raketenschutzhülle, die als Werkstoilette gedient hatte.

Die halbfertigen Stationen mit ihrem SAR-Radar wurden zu 20 Tonnen schweren, unbemannten Aufklärungssatelliten umgebaut, ähnlich den ab 1988 eingesetzten, riesigen Lacrosse/Onyx-Radarsatelliten des US-Militärs. Mit fortschreitender Perestroika wurden die Radarbilder allerdings auch zivilen Institutionen und Wissenschaftlern zur Verfügung gestellt.

Abbildung 17: Eine jener Almaz-Raumstationen, die 1978 in einer Halle des Herstellerwerks vor der Verschrottung versteckt wurden. Diese Station OPS-4 besaß (ähnlich wie Saljut 6) am vorderen Ende einen zweiten Kopplungsstutzen! (Foto von 1979)

5 Mond, Mars und Venus

Schon damals, als die ersten Raumschiffe gebaut wurden, träumten Konstrukteure und Wissenschaftler vom kraterübersäten Mond, vom roten Planeten Mars und von der wolkenverhüllten, geheimnisvollen Venus. Erste Konzepte für bemannte Marsflüge wurden in Russland bereits Ende der 50er Jahre entwickelt – eine kühne, beinahe verrückte Idee angesichts der damals noch völlig unausgereiften Raumfahrttechnik. Und doch: Die Sehnsucht nach diesen fremden Welteninseln dort draußen im All war eine der Triebfedern beim Vorstoß in den Kosmos.

Als Koroljows OKB-1-Konstruktionsbüro im Jahr 1959 in geheimen Sitzungen erste Skizzen der Riesenrakete N1 präsentierte, wurde das Projekt nicht als »Mondrakete« vorgestellt, sondern als Rakete, die Kosmonauten zum Mars (!) bringen könnte, wobei man an einen Mars-Vorbeiflug ohne Landung dachte. (Daneben wurde auch ein Start von militärischen Raumstationen erwähnt, da man Gelder des Militärs bekommen wollte.) Doch es dauerte noch viele Jahre, bis es wenigstens unbemannten Sonden gelang, auf die Oberflächen von Mars und Venus vorzudringen.

Dezember 1970: Schwache Signale von der Venus-Oberfläche

Als Ende der 50er Jahre die ersten Satelliten um die Erde kreisten, wusste man vom Planeten Venus fast nichts, da eine dichte Wolkenschicht seine Oberfläche verhüllt. Auch ernsthafte Wissenschaftler spekulierten damals, dass sich darunter ausgedehnte Ozeane oder gar tropische Wälder verbergen könnten.

Die ersten russischen Raumsonden, die Ende der 60er Jahre in die Venus-Atmosphäre eindrangen, wurden allerdings vom gewaltigen Druck der Atmosphäre zerquetscht oder versagten angesichts der Hitze, noch bevor sie den unbekannten Venusboden erreicht hatten. Und am 15. Dezember 1970 verstummte die Sonde Venera 7 ausgerechnet Sekunden vor der Landung, wie es schien.

Einen Monat später passierte etwas Verblüffendes: Ein russischer Techniker untersuchte die Bandaufzeichnungen der großen, schüsselförmigen Radioantennen, die nach dem Signal der Venussonde gesucht hatten. Mitten im Rauschen der Wellen aus dem All fand er ein unglaublich schwaches Signal, das offensichtlich von der Venus stammte und bisher übersehen worden war. Anscheinend war die Sonde beim Aufprall auf die Oberfläche umgefallen und hatte 23 Minuten lang Signale gesendet – wegen der liegenden Position nur mit schwacher Sendeleistung. Die Messdaten erzählten, dass dort, wo sich die Sonde befand, eine höllische Hitze von 475° Celsius herrschte. Eine Temperatur, die ausreicht, um Blei zu schmelzen.

Mai 1971: Ein winziges russisches Marsauto

In den Jahren 1971 und 1973 wurden insgesamt fünf Satelliten und vier Landesonden auf den Flug zum Mars vorbereitet. Aufgrund eines planetenweiten, gigantischen Sandsturms (1971) und hunderter korrodierter Transistoren brachten diese aufwändigen Flugkörper jedoch nur mäßige Erfolge. Ein gewisser Juri Koptew plante damals das aerodynamische Design der Marslander, ab 1992 wurde er als Direktor der russischen Raumfahrtbehörde RKA international bekannt.

Die zwei Landesonden von 1971 führten übrigens winzige Marsautos mit. Die beiden »PrOP-M«-Minirover waren 25 Zentimeter lang und 4,5 Kilogramm schwer und sollten, an einem 15 Meter langen Kabel hängend, die Umgebung des Landers untersuchen. Einer der beiden Lander stürzte jedoch ab, und der zweiten Sonde gelang zwar eine weiche Landung, sie verstummte jedoch wenige Sekunden später, möglicherweise wegen des Sandsturms. Erst 1992 erfuhr der Westen von diesen Mini-Fahrzeugen, und im Jahr 1996 gelang es der NASA-Sonde Pathfinder nun tatsächlich, einen kleinen Rover über die Marsoberfläche fahren zu lassen.

Pläne für eine sowjetische Mondbasis

Das gescheiterte russische Mondlandungsprogramm ist heute in groben Zügen öffentlich bekannt. Fast überall liest man, die Russen hätten damals beschlossen, den Mond künftig nur mehr unbemannt zu erforschen.

Was aber war dann der Zweck zweier weiterer Startversuche der N1-Mondrakete in den Jahren 1971 und 1972? Und worin bestand die Aufgabe dreier geheimnisvoller Objekte namens »Kosmos 379/398/434«, die 1970 und 1971 in der Erdumlaufbahn merkwürdige Flugmanöver machten?

Wir wissen heute, dass das »alte« Mondprogramm parallel zu den Programmen der Saljut- und Almaz-Raumstationen noch einige Zeit weiterlief. Die drei erwähnten Kosmos-Objekte waren keineswegs »Satelliten zur Erforschung des Weltraums und der Hochatmosphäre«, wie es offiziell hieß. Vielmehr handelte es sich um unbemannte Testflüge der russischen Mondlandefähre!

Im August 1971, nach dem Absturz der dritten N-1 und dem Tod der Sojus-11-Kosmonauten, wurde das sowjetische bemannte Mondprogramm keineswegs gestoppt, sondern in eine erweiterte Version umgewandelt. Unter strengster Geheimhaltung entstand das spektakuläre Projekt »L-3M«, das viel ambitionierter war als das Apollo-Programm der NASA! Geplant war eine Art Mini-Forschungsbasis am Mond, ähnlich den wissenschaftlichen Stationen in der Antarktis. Drei Kosmonauten würden jeweils einen ganzen Monat auf der Mondoberfläche verbringen, wobei Menschen und Fracht von N-1-Raketen ins All gebracht werden sollten, von denen man (wohl zu Recht) annahm, dass sie in näherer Zukunft endlich zuverlässig fliegen würden. Die ersten Mondbasis-Elemente sollten nach mehreren Jahren Planung und Bau etwa Ende der 70er Jahre starten.

Mehrere N1-Raketen befanden sich damals in verschiedenen Stadien der Fertigung. Eine von ihnen sollte im September 1975 eine gigantische Marssonde und zwei Raketenstufen in eine Erdumlaufbahn schießen, mit einem Gesamtgewicht von 98 Tonnen. Das Projekt »5NM« bestand aus einem Satelliten und einem 16 Tonnen schweren Marslander, der im September 1976 drei Tage lang auf der Marsoberfläche Gestein einsammeln sollte. Anschließend würde die Rückkehrrakete zünden und die wertvolle Fracht in eine Marsumlaufbahn bringen, wo die Sonde etwa 200 Tage lang warten müsste, bis Erde und Mars wieder in einer günstigen Rückflugposition stehen. Die Landung des Marsgesteins auf sowjetischem Gebiet war für Mai 1978 geplant.

Angesichts der miserablen Bilanz bisheriger sowjetischer Marssonden meinten viele Experten, das schwierige und teure Projekt habe kaum Chancen auf Erfolg.

1974: Ein neuer Chefkonstrukteur und ein neues Raketenprojekt

Auch die vierte N1-Rakete im November 1972 scheiterte, obwohl ihre Systeme bereits länger und besser funktionierten als die ihrer Vorgänger. An Bord war übrigens ein vollausgerüstetes LOK-Mondsojus-Raumschiff – das einzige, das jemals in den Weltraum flog.

Wassili Mischin, der Leiter all dieser Projekte, geriet immer mehr ins Kreuzfeuer der Kritik. Sojus-Kosmonauten waren verunglückt, Raumstationen abgestürzt, kein N-1-Start hatte funktioniert, Marssonden waren gescheitert – so konnte es nicht weitergehen. Als Mischin 1974 kurz im Spital lag, kam es zur Revolte: Kritiker wandten sich an Staats- und Parteichef Leonid Breschnjew und erreichten, dass Mischin durch Walentin Gluschko ersetzt wurde. Binnen weniger Tage stoppte Gluschko das gesamte N1-Projekt. Auch das unbemannte Mondprogramm mit Rückholsonden und Lunochod-Mondrovern sollte bald enden.

Insgesamt waren bis dahin 13 gewaltige N1-Raketen fertiggebaut worden. Drei waren Testmodelle, vier waren gestartet und explodiert, und sechs weitere lagen startbereit in den Montagehallen. Die Sowjetführung verlangte jedoch die Zerstörung dieser Raketen, da die Existenz des gescheiterten Mondprogramms der 60er Jahre für immer geheim bleiben sollte. Einige große Bauteile entgingen allerdings der Verschrottung und blieben unauffällig erhalten. In der nahe dem Kosmodrom gelegenen Stadt Leninsk (seit 1995 in »Baikonur« umbenannt) gibt es einige seltsame Metallteile, die als Sonnendach, Spielplatzgerät oder Wassertank dienen. Sie sind die einzigen Überreste der großen Mondraketen der Sowjetunion.

Oder besser, *fast* die einzigen Überreste. Denn da gab es noch eine große Stückzahl von Raketenmotoren namens »NK-33« und »NK-43«, die für eine verbesserte Version der N-1 vorgesehen waren. In Bezug auf ihr Gewicht waren diese Triebwerke extrem schubstark und hatten unge-

Abbildung 18: Reste kugelförmiger Treibstofftanks der Mondrakete N-1 dienen heute als Sonnenschirm und Wassertank. (Foto von 2001)

wöhnliche Eigenschaften (sauerstoffreiche Abgase, spezielle Metallurgie). 150 Stück von ihnen wurden entgegen dem Regierungsbefehl nicht zerstört, sondern in einer abgelegenen Werkshalle gelagert. In den 90er Jahren, nach dem Zerfall der Sowjetunion, führte man staunende westliche Raketenexperten in jene Halle und zeigte ihnen die wertvollen Triebwerke. Sogleich wurde ein Exemplar für eine Testzündung in die USA transportiert, anschließend kaufte die US-Firma »Aerojet General« 36 Motoren zu einem Stückpreis von mehr als einer Million Dollar und zahlte eine Lizenzgebühr für die Nachbauerlaubnis. Die Motoren gelten heute als die weltweit besten Sauerstoff-Kerosin-Triebwerke, ihr Einsatz in zukünftigen US-Raketen wird diskutiert.

Nicht nur Wassili Mischin, auch der neue Chefkonstrukteur Walentin Gluschko liebte imposante Großprojekte. Der russische Weltraumwissenschaftler Roald Sagdejew erinnert sich an eine Besprechung beim Präsidenten der Akademie der Wissenschaften, Mstislaw Keldysch, bei der Gluschko im Jahr 1974 seine Zukunftspläne vorstellen sollte [20]. Gluschko plante nach dem Ende des N1-Projekts die Entwicklung einer noch größeren, noch stärkeren Rakete, die aufgrund einer anderen Konstruktionsweise zuverlässiger arbeiten würde. Später erhielt sie den Namen »Energia«, eine Variante von ihr namens »Vulkan« sollte die stärkste jemals gestartete Rakete sein.

Ein Jahrzehnt lang wurde (unter strengster Geheimhaltung) am Energia-Projekt gearbeitet. Die eigens dafür entwickelten Sauerstoff-Kerosin-Triebwerke »RD-170« waren die schubstärksten, die jemals für eine Rakete gebaut wurden. Eine abgeleitete Version namens RD-180 mit zwei statt vier Brennkammern erwies sich als so perfekt, dass heute alle modernen amerikanischen (!) Atlas-5-Raketen von solchen Motoren russischer Konstruktion angetrieben werden.

Auch Gluschko befürwortete den Bau einer kleinen Forschungsstation am Mond. Nach endlosen Debatten lehnte das Wissenschaftler-Gremium dieses Projekt jedoch ab. Stattdessen wurde 1976 die Entwicklung einer großen sowjetischen Raumfähre ähnlich dem Space Shuttle beschlossen.

Das schwierige Marsgestein-Rückholprojekt wurde zunächst auf kleinere Proton-Raketen umgeplant (»Mars 5M«) und dann abgebrochen. Im Jahr 1978 waren Teile der monumentalen Raumsonde übrigens bereits in Bau.

Walentin Gluschko blieb bis zu seinem Tod im Jahr 1989 Chefkonstrukteur der russischen Raumfahrt. Er erlebte noch den erfolgreichen ersten Start der Energia-Rakete im Frühling 1987 und den Jungfernflug der Raumfähre Buran im Herbst 1988. Die geheimen sowjetischen Mondbasis-Pläne kamen erst lange nach dem Zerfall der Sowjetunion ans Licht der Öffentlichkeit.

Oktober 1975: Das erste Foto einer außerirdischen Landschaft

Mit dem Jahr 1975 begann eine Serie von extrem erfolgreichen Venus-Sonden, die ein unheimliches und fremdartiges Bild dieses seltsamen Planeten erkennen ließen. Die Sonden waren inklusive Treibstoff gewaltige fünf Tonnen schwer, wobei auf den Landeteil immerhin 660 Kilogramm entfielen. Als Maßnahme gegen die Gluthitze plante man die Abkühlung der Instrumente in der Sonde auf minus

Abbildung 19: Landeteil der Venussonde »Venera 11«, letzte Montagearbeiten (1978)

Abbildung 20: Eine steinige Ebene auf der Venus. Rechts oben der Horizont, links unten Teile der Raumsonde (»Venera 13«, 1982)

zehn bis minus 100 Grad Celsius. Der lange Abstieg durch die heiße Atmosphäre sollte außerdem verkürzt werden, indem man in 50 Kilometer Höhe den Fallschirm abwerfen würde. Nur vom Luftwiderstand einer großen Scheibe gebremst, sollten die Lander auf die unbekannte Oberfläche aufprallen und Fotos zur Erde schicken.

20. Oktober 1975: Millionen Kilometer von der Erde entfernt, nähert sich die Sonde Venera 9 der Venus. Der Orbiter schwenkt in eine Umlaufbahn ein und ist somit das erste von Menschenhand gebaute Objekt, das um die Venus kreist. Die Landesonde taucht inzwischen mit atemberaubenden 10,7 km/Sek. (!) in die dichten Wolken der Atmosphäre ein. Die Geschwindigkeit entspricht Wien-Berlin in 50 Sekunden! In 64 Kilometer Höhe über der Oberfläche wird der Hitzeschild abgeworfen, und ein Fallschirm öffnet sich. Inmitten der Wolken in etwa 50 Kilometer Höhe wird dieser wieder gekappt, und die Sonde fällt in die Tiefe. Ein Strom von Messdaten geht teilweise direkt zur Erde, teilweise zum Orbiter und von dort zur Erde. Für den »Absturz« aus 50 Kilometer Höhe braucht die Sonde in der enorm dichten Atmosphäre noch volle 75 Minuten, bis sie endlich mit etwa 20 km/h Geschwindigkeit auf dem Venusboden aufprallt.

Die Instrumente spüren einen schwachen Wind, und es wird kurzzeitig dunkler, vermutlich, weil die Landung Staub aufgewirbelt hat. Die Messfühler bestätigen die unwirtlichen Bedingungen auf dem fremden Planeten: 480 Grad Celsius und etwa 90 bar Luftdruck. (Der Luftdruck auf der Erde beträgt rund 1 bar!)

Etwa zwei Minuten nach der Landung werden die Schutzkappen der Kameras abgeworfen, und es beginnt erstmals in der Menschheitsgeschichte die Übertragung eines Fotos von der Oberfläche der Venus. Etwa eine Stunde benötigen die ersten Funksignale, bis sie über Millionen Kilometer Distanz die Erde erreichen, und weitere dreißig Minuten dauert dann noch die Übertragung des gesamten Bildes. Zeile um Zeile erscheint das erste Foto einer außerirdischen Planetenoberfläche am Bildschirm! Und die Wissenschaftler auf der Erde sind überrascht: Eigentlich haben sie erwartet, nur einige nahe Felsen zu sehen. Doch am Foto ist sogar der rund 300 Meter entfernte Horizont erkennbar. Offenbar dringt sogar die Sonne schwach durch die Wolken, da einige Steinbrocken Schatten werfen. Die schräge Oberfläche der Landschaft könnte, wird vermutet, ein Abhang eines Hügels oder eines Vulkankraters sein.

Die Venera-9-Landesonde erweist sich trotz Gluthitze als extrem robust: 53 Minuten nach der Landung verschwindet der Orbiter hinter dem Horizont, sodass die Datenübermittlung endet. Die Instrumente im Lander haben sich inzwischen auf 60 Grad aufgeheizt und funktionieren zu diesem Zeitpunkt immer noch, trotz 480 Grad Außentemperatur! Auch eine zweite Sonde funktioniert einige Tage später perfekt, und ein weiteres Bild der steinigen, fremdartigen Venus-Landschaft erreicht die Erde.

Säurewolken und eine merkwürdige Planetendrehung

Zwar erregten die Venera-9-Fotos im Oktober 1975 das meiste Aufsehen, es befanden sich jedoch noch viele weitere Instrumente an Bord. Ein Massenspektrometer stellte während des Abstiegs in der »Venusluft« Spuren von Salzsäure, Flourwasserstoff, Brom und Iod fest. Ein Gammastrahlen-

Spektrometer wiederum untersuchte die Zusammensetzung der Oberflächengesteine.

Besonders interessant waren auch einige Messungen des Orbiters: Er untersuchte die geheimnisvolle Wolkenschicht der Venus, die im Gegensatz zur glühend heißen Planetenoberfläche recht »wohltemperiert« ist. Die 35 bis 45 Grad heißen Wolken bestehen jedoch nicht aus Wasserdampf, sondern großteils aus Schwefelsäure-Tröpfchen und wirken daher stark korrodierend. Nachts schimmern die Wolken schwach leuchtend. Ihre Untergrenze liegt in 30 bis 35 Kilometer Höhe, also viel höher als bei irdischen Wolken.

Großflächige Kenntnis der Venus-Oberfläche gab es erst einige Jahre später, als Raumsonden (ab 1978 und vor allem ab 1990) mit Radarantennen durch die Wolken hindurch die Gebirge und Ebenen abtasteten. Schon Anfang der 60er Jahre gelang es übrigens, von der Erde aus ein Radarsignal zur Venus zu schicken und einige Zeit später ein ganz schwaches Echo zu empfangen. Die undeutlichen Radarbilder einer Gebirgsregion und deren Veränderung zeigten, dass sich die Venus in die »falsche« Richtung dreht: Die Sonne würde dort im Westen aufgehen.

Der Planet rotiert außerdem extrem langsam: *Eine* (auf die Sternbilder bezogene) Umdrehung (»siderischer Tag«) dauert 243 irdische Tage. Der Umlauf der Venus um die Sonne (ein »Venusjahr«) benötigt hingegen nur 224 irdische Tage. Die Überlagerung beider Bewegungen bewirkt, dass ein Sonnentag (Sonnenaufgang bis Sonnenaufgang, d.h. ein »synodischer Tag«) auf der Venus 116 irdischen Tagen entspricht. Ein Venusjahr dauert also nur zwei Venustage! Computersimulationen der letzten Jahre lassen es als möglich erscheinen, dass vor vielen Milliarden Jahren ein gewaltiger Zusammenstoß mit einem anderen Himmelskörper zur »verkehrten« und langsamen Rotation der Venus geführt hat.

Dezember 1978: Geräusche aus einer anderen Welt

Auch die Nachtseite der Venus ist glühend heiß. Sie kann trotz der langsamen Rotation nicht auskühlen, weil Teile der Atmosphäre samt Schwefelsäurewolken in einem höllischen Orkan rund um den Planeten brausen und die Hitze gleichmäßig über dessen Oberfläche verteilen. In nur vier (irdischen) Tagen jagt der Sturm die Wolken einmal rund um den Planeten – und das ohne Pause!

Im Dezember 1978 sanken zwei weitere Sonden in die Venusatmosphäre, diesmal auf der Nachtseite des Planeten. Während des stürmischen Abstiegs untersuchten Gas-Chromatographen und Massenspektrometer die Atmosphäre. Die unterschiedlichen Gase wanderten dabei mit unterschiedlicher Geschwindigkeit durch eine dünne Trennsäule. Anhand dieser Geschwindigkeit und der Gewichte der Molekülbruchstücke im elektrischen Feld des Massenspektrometers konnten die chemischen Bestandteile der Gashülle aus Millionen Kilometern Entfernung gemessen werden. Die Verwendung solch komplexer Analysegeräte bei Überschallgewindigkeit, radikaler Abbremsung, inmitten von Schwefelsäuredämpfen und später inmitten einer glühend heißen Umgebung war eine außerordentliche Leistung. Jeder, der wie ich mit solchen Geräten schon gearbeitet hat, allerdings ohne Überschalltempo, Schwefelsäuredampf und dergleichen, kann darüber nur staunen.

Etwa 12,5 Kilometer über dem Venusboden, also schon

weit unterhalb der Wolken, passierte bei beiden Sonden etwas Merkwürdiges – die Techniker nannten es eine »Anomalie«: Alle (!) Instrumente zeigten einen massiven Ausschlag bis zum Maximum, und es gab eine heftige elektrische Entladung. Vielleicht ein gewaltiger Blitzschlag – das Ereignis konnte nie geklärt werden.

Man hatte schon länger vermutet, dass es in dieser dichten und heißen Atmosphäre Gewitter geben könnte. Venera 11 und 12 hatten daher das Experiment »Groza« (russisch: »Donner«) an Bord. Ab einer Höhe von 62 Kilometern, also mitten in den Wolken, sollte das Gerät bis hinunter zur Oberfläche lauschen, ob es Blitz- und Donnergeräusche hört. Die Ergebnisse waren sensationell! Das Gerät auf Venera 11 registrierte zeitweise ein Trommelfeuer an Donnerschlägen: Bis zu 25 Blitze pro Sekunde erzeugten zeitweise ein andauerndes Krachen, eine der beiden Sonden registrierte insgesamt 1200 Blitze. Einmal, als eine der Sonden schon auf der Oberfläche stand, ertönte ein so fürchterlicher Donnerschlag, dass der Nachhall fast eine Viertelstunde lang (!) andauerte.

Die Aufnahmen der Groza-Instrumente waren die ersten Geräusche einer anderen Welt, die zur Erde übertragen wurden, wenn man vom Funkverkehr der Apollo-Astronauten absieht, wobei der luftleere Mond ansonsten völlig lautlos ist. Erst 2005 funkte die europäische Sonde Huygens Klänge einer weiteren Welt zur Erde, nämlich das Windbrausen am Saturnmond Titan. Bisher sind sämtliche Versuche gescheitert, mit einem Mikrofon Geräusche des Mars aufzunehmen (z. B. Polar Lander 1999, Phoenix 2008).

Seltsamerweise kam 1978 niemand auf die Idee, die Signale der Venus-Blitze wieder in hörbare Geräusche umzuwandeln. Im Jahr 2005 kontaktierte die Planetary Society, eine Organisation zur Förderung der Planetenforschung, russische Wissenschaftler, und man suchte nach den alten Magnetbändern, um dies nachzuholen. Ob der Versuch gelang, ist leider nicht bekannt.

Venera 11 und 12 besaßen übrigens Scheinwerfer und Farbkameras, jedoch versagte der Mechanismus zum Abwerfen der Kameradeckel. Im März 1982 funkten zwei weitere Sonden prachtvolle Fotos der Venus-Oberfläche zur Erde. Der Himmel auf ihnen war von eigenartiger oranger Färbung, Steine und Sand wirkten bräunlich-orange.

September 1977: Das erste internationale Weltraumlabor

Parallel zur Planetenforschung und zu den Mondbasis-Konzepten wurde in der Sowjetunion ein kosmisches Labor entwickelt, das weitaus mehr Möglichkeiten bot als bisherige Stationen. Saljut 6 besaß zwei Kopplungsstutzen und konnte deshalb zusätzlich zur Stammbesatzung auch Gastbesatzungen oder unbemannte Frachtraumschiffe empfangen. Der Nachschub an Vorräten machte erstmals eine jahrelange Betriebsdauer möglich.

Saljut 6 startete am 29. September 1977. Ab März 1978 besuchten verschiedene internationale Gastkosmonauten die Station, unter anderem der Vietnamese Pham Tuan, der Kubaner Arnaldo Tamayo Mendez und ein Mongole mit dem schwierigen Namen Dschügderdemidiin Gürragtschaa. Vom DDR-Bürger Sigmund Jähn, dem ersten Deutschen im All, stammt der früheste ausführliche Raumflugbericht in deutscher Sprache [11].

August 1978: Der erste Deutsche im All

Sigmund Jähn erzählt in seinem Buch von den letzten Tagen und Stunden vor dem Start, von nächtlichen Spaziergängen in der Steppe nahe dem Startgelände Tyuratam, wo die Kosmonauten die Kenntnis der Sternbilder einübten, um später im Weltraum die Ausrichtung des Raumschiffs auch per Handsteuerung und durch Anvisieren von Sternen kontrollieren zu können.

Die Schönheit der nächtlichen Steppe war beeindruckend. Das Summen und Surren unzähliger Insekten erfüllte die klare Luft, und die vielen Sterne am Himmel schienen besonders nahe zu sein.

Dann kam der Tag des Starts: Ein Fläschchen Alkohol wurde gebracht, das nicht zum Trinken diente, sondern zur Ganzkörpereinreibung, um nicht irdische Bakterien zur Stammbesatzung der Raumstation zu schleusen. Anschließend folgte ein kräftiges Frühstück. »Wer am Morgen nichts Richtiges im Magen hat, kommt mit einem modernen Flugzeug nicht auf die befohlene Höhe«, sagten die sowjetischen Flieger schmunzelnd [11]. Und so bekam Jähn vor dem Start ein Schnitzel mit Bratkartoffeln serviert – ganz im Gegensatz zu den frühen Kosmonauten, die vor dem Flug tagelang nur Tubennahrung zu sich nehmen mussten. So kurz vor dem Start hielt sich Jähns Appetit allerdings in Grenzen.

Kosmonauten und Betreuungsmannschaft fuhren dann in einem klimagekühlten Bus zur Startrampe. Auf einem Videoschirm lief ein lustiger Film von Schnapsbrennern, denen die Apparatur versehentlich um die Ohren fliegt. Die russischen Raumfahrtpsychologen wollten offensichtlich die Anspannung vor dem Flug ein wenig lindern. Vom

Abbildung 21: Die Landekapsel »Sojus 29«, mit der Sigmund Jähn 1978 landete (heute im Militärhistorischen Museum Dresden ausgestellt)

Bus aus schweifte Jähns Blick über die karge kasachische Steppe.

Gegen 15 Uhr stand er mit seinem russischen Kommandanten Waleri Bykowski vor der dampfenden, im Sonnenschein blendend weiß leuchtenden Rakete. Die Dampfschwaden stammten vom überkochenden eiskalten flüssigen Sauerstoff. Kurz bevor Bykowski und Jähn den Lift bestiegen, erfolgte eine feierliche Verabschiedung der Besatzung. »Jetzt ist es fast sicher, dass ich eine Woche lang keine Zigarette sehen werde«, sagte Bykowski schmunzelnd zu Jähn. Mehrere Stunden lang mussten die beiden Männer im Raumschiff plangemäß auf den Start warten, bis alle Systeme der Rakete startbereit waren und sich Kasachstan samt Startgelände durch die Erddrehung genau unter die Bahn der Raumstation Saljut 6 bewegt hatte. Über Funk spielte die Flugleitung getragene russische Volksmusik ins Raumschiff ein, was zur Entspannung vor den aufregenden Minuten des Abfluges beitragen sollte.

Dann ist es soweit: Der Flugleiter verkündet mit feierlicher Stimme das Wort »Podjom« (russisch »Aufstieg«). Ein bis zwei Sekunden passiert nichts, dann geht ein Ruck durch die Rakete, ein dumpfes Grollen ist zu hören, das immer lauter wird, die ganze Rakete scheint zu vibrieren, und dann kommt auch schon der sanfte Stoß in den Rücken, das Zeichen, dass die Reise begonnen hat. Die Kosmonauten können von ihren Sitzen aus nicht sehen, was unten an der Rakete vor sich geht, aber das Donnern und Dröhnen lässt ahnen, was für ein Flammenmeer inmitten von Dampfwolken aus den Triebwerken strömt.

Die 300 Tonnen schwere Rakete steigt in die Höhe und

Abbildung 22: Armaturenbrett von Jähns Raumschiff »Sojus 29« mit Erdglobus-Positionsanzeige der Flugbahn

durchstößt bereits in 12 Kilometer Höhe die Schallmauer. Die Vibrationen werden stärker und stärker. Der für seinen Humor bekannte Alexej Leonow hatte einst gemeint: »Wenn man den Eindruck hat, in einem Auto mit viereckigen Rädern zu sitzen und über Kopfsteinpflaster zu holpern, dann ist alles normal!« [11].

Wenig später wird die aerodynamische Verkleidung der Kapsel abgeworfen, es wird schlagartig hell im Raumschiff. Ein Blick aus dem Bullauge zeigt die Sonne weit im Westen, und lange Schatten auf der Erde. Die Nachtseite der Erde ist nahe. Plangemäß erlischt der Antrieb der dritten Raketenstufe, mit einem kräftigen Stoß wird das Raumschiff von ihr weggeschleudert. Die Armaturen der Raumschiffsteuerung befinden sich plötzlich nicht mehr vor Jähn, sondern unter ihm, und er scheint an der Decke zu hängen – eine Illusion durch die Schwerelosigkeit. Die Kosmonauten peilen nun Sterne an und stabilisieren die Ausrichtung des Raumschiffs durch kurze Triebwerkszündungen.

Im Raumlabor

Als nach dem Ankoppeln an die Raumstation Saljut 6 die Verbindungsluken geöffnet werden, umarmen und begrüßen die drei Russen und Sigmund Jähn einander herzlich. Den beiden sonnengebräunten Neuankömmlingen fällt auf, wie blass die Stammbesatzung aussieht. Die dicken Quarzfenster der Station filtern ja den UV-Anteil vom Sonnenlicht heraus.

Um in der Freizeit von den Schönheiten der Natur zu träumen, hat die Stammbesatzung einen Kassettenrecorder an Bord, in dem sie Tonkassetten mit Vogelstimmen aus dem Wolga-Delta, mit dem Rauschen des Steppenwindes im Schilf und dem Quaken der Frösche abspielen. Zuweilen hören sie auch russische Volkslieder und blicken durchs Fenster hinunter auf die wunderschöne Erde.

Bei monatelangen Raumflügen sind kleine Überraschungen sehr willkommen. Jähn und Bykowski haben ein »besonderes« Gastgeschenk ins All geschmuggelt: zwei Tuben mit der Aufschrift »Johannisbeersaft«, die in Wirklichkeit einen hochprozentigen Willkommenstrunk enthalten.

Kosmonaut Kowaljonok erzählt den Gästen von einem merkwürdigen Phänomen, das sie seit zwei Tagen beobachten: Extrem hoch über den Falklandinseln und über Feuerland schweben in 40 bis 50 Kilometer Höhe bräunlichsenffarbene Wolken. »Normale« Wolken reichen bestenfalls 12 Kilometer hoch. Aber auch andere Naturphänomene zeigen sich beim Blick aus dem Fenster: Etwa sonderbare blaue Blitze ausgerechnet im Bereich des Bermudadreiecks, die vermutlich von heftigen Gewittern stammen. Einzigartig sind schließlich grüngrau schimmernde Leuchterscheinungen, die sich über tausende Kilometer erstrecken: Es sind Polarlichter, die entstehen, wenn die von der Sonne ausgesendeten Teilchenschauer auf das irdische Magnetfeld treffen und in Richtung der Magnetpole der Erde abgelenkt werden. Wie riesige farbige Vorhänge bewegen sich die Lichter, formen langsam gewaltige Säulen, Bögen und Schleier und fallen dann wieder in sich zusammen. Die Tage in der Station bieten viel zu wenig Möglichkeit, das Wunder der Farben tief unten auf der Erdkugel zu genießen, da ein umfangreiches Forschungsprogramm auf die vier Männer wartet.

Das Essen im Weltraum ist 1978 viel reichhaltiger als die Tubenverpflegung in der Anfangszeit der Raumfahrt. Jähn berichtet von rund 50 verschiedenen Speisen an Bord, darunter Fleisch- und Milchgerichte, fünf Brotsorten, sechs Vorspeisen, zehn Sorten Desserts, zwölf verschiedene Säfte, Tee, Kaffee, Kakao und Gewürze. Meist ist den Speisen aus Gewichtsgründen Wasser entzogen worden. Nach Wasserzugabe werden sie (sofern nötig) angewärmt und verwandeln sich in zuweilen durchaus schmackhafte Mahlzeiten.

Das Schlafen in der Schwerelosigkeit ist vor allem anfangs gewöhnungsbedürftig. Jähn hat ständig die Empfindung, in Bauchlage zu sein, und verspürt das Bedürfnis, »sich auf den Rücken zu drehen«. Doch wie er sich auch dreht, die Illusion bleibt bestehen.

Die Rückkehr zur Erde

Nach einwöchigem Flug wird das umfangreiche Forschungsmaterial in der Sojus-Landekapsel verstaut, und es kommt der Abschied von den zwei Russen, die noch einen monatelangen Raumflug vor sich haben. Nach dem Abkoppeln fotografiert Jähn die Raumstation. Hoch über der Erde schwebt sie vor dem schwarzen Hintergrund des Weltalls, das helle Sonnenlicht erzeugt auf ihrer Außenhaut einen beinahe goldenen Schimmer.

Wie zerspringendes Metall klingt es, als die hinten befindliche Antriebssektion und der vorne gelegene Orbitalteil vom Landeapparat abgesprengt werden. In flachem Winkel nähern sich die Kosmonauten der Atmosphäre. Unten auf der Erde sind afrikanische Wüstengebirge plastisch sichtbar. Die Erde scheint bereits näher zu kommen. Ein Funkschiff im Atlantik sendet noch die besten Wünsche, dann reißt die Funkverbindung ab, weil die Luftreibung eine Schicht aus heißem, elektrisch geladenem Plasma rund um das Raumschiff erzeugt. Der Blick aus dem Fenster zeigt einen vibrierenden Feuerbogen aus Partikeln, die von den Lageregelungstriebwerken stammen. Bald ziehen glühende Fetzen des abbrennenden Hitzeschildes außen am Bullauge vorbei. 50 Zentimeter unter dem Rücken der Kosmonauten hat es nun mehr als 2000 Grad Celsius. Das Bordfenster verfärbt sich rötlich-braun, die Sonne ist deshalb nur mehr schwach als tiefrote Scheibe erkennbar. »Wir werden geräuchert«, meint Bykowski. Der Körper fühlt sich schwer an, die Landekapsel vibriert und brummt. Die Geräusche werden besonders laut, als die Kapsel Unterschallgeschwindigkeit erreicht. Am Kontrollbrett leuchtet das Signalfeld »Fallschirm« auf, es gibt einen kräftigen Ruck, und die Kapsel hängt pendelnd am tausend Quadratmeter großen Schirm.

In 5000 Meter Höhe über der Erde wird ein Ventil geöffnet, das Außenluft hereinlässt, und der schwere Hitzeschild wird abgeworfen. Unmittelbar vor der Landung trifft ein heftiger Windstoß den Fallschirm und bewirkt, dass die Kapsel beim Aufprall umfällt. Kein besonderes Problem, nur lästig, da Bykowski nun schräg über Jähn in den Gurten hängt und es nicht ganz leicht sein wird, sich loszuschnallen. Die bald eintreffenden Bergungsteams helfen jedoch, und Jähn spürt nach dem Verlassen des Raumschiffs den vertrauten Duft der Steppe in der Nase. Sie sind wieder auf der Erde!

6 Aufbruch in die 80er Jahre

Ende der 70er Jahre: Merkwürdige Kapseln und Module

Im Frühjahr 1982 wurde eine neue Raumstation gestartet, in der unter anderem ein Teleskop zur Beobachtung der Röntgenstrahlung kosmischer Objekte untergebraht war.

Mehrmals starteten in jenen Jahren Proton-Raketen ins All, die entweder zwei kleinere oder ein großes Objekt in eine Erdumlaufbahn brachten. Heute wissen wir, dass es sich dabei um große TKS-Frachtmodule und kleinere VA-Kosmonautenkapseln handelte, die aus dem bemannten Almaz-Spionageprogramm stammten und nun für zivile Raumstationen adaptiert und getestet wurden.

Auch die Forschungsmodule der Raumstation MIR waren übrigens Abkömmlinge dieser TKS-Frachter.

Im Juni 1981 gelang erstmals das ferngesteuerte Ankoppeln eines 18 Tonnen schweren TKS-2-Moduls an die 20 Tonnen schwere Saljut-6-Station. Wie so oft versagten westliche Spionagedienste: Ende 1981 berichtete die renommierte Zeitschrift »Aviation Week & Space Technology«, das US-Verteidigungsministerium besitze geheime Fotos dieses rätselhaften »Kosmos 1267«. Darauf sei, rund um das Modul angeordnet, ein Ring von zylindrischen Objekten zu sehen – zweifellos infrarotsensor-gesteuerte Weltraumwaffensysteme für den Angriff auf feindliche Satelliten. Saljut 6 sei offenbar in eine »Kampfstation in der Erdumlaufbahn« verwandelt worden. In Wirklichkeit handelte es sich bei den zylindrischen Objekten jedoch um harmlose Treibstofftanks.

Die Raumstation Saljut 7

In der im Frühjahr 1982 gestarteten Raumstation Saljut 7 befand sich unter anderem ein Teleskop zur Beobachtung der Röntgenstrahlung kosmischer Objekte. Röntgenlicht entsteht beispielsweise im Zentrum von Milchstraßensystemen, wo sich oft gewaltige »Schwarze Riesenlöcher« (meist »supermassereiche Schwarze Löcher« genannt) befinden, bei denen die Masse von vielen Millionen Sonnen auf einen unendlich kleinen Punkt (!) zusammengedrückt ist. Die Anziehungskraft dieser kosmischen »Monster« ist so ungeheuer groß, dass bei manchen von ihnen nicht nur Gase, sondern ganze Sterne hineinstürzen und verschwinden. Kurz davor strahlen die hineinstürzenden Sterne noch energiereiches Röntgenlicht ab. Dieses kann nur von der Erdumlaufbahn aus beobachtet werden, da die Atmosphäre Röntgenstrahlung – glücklicherweise – abschirmt.

In einer Art Mini-Gewächshaus namens »Oasis« wurden außerdem Pflanzen gezüchtet, beispielsweise Weizen, Erbsen und Tomaten. Zuerst wurden sie wissenschaftlich untersucht, anschließend gegessen. Im Sommer 1982 berichteten zwei Kosmonauten über selbstgezüchtete Zwiebeln, die sie als »Delikatesse« verspeisten.

Auch Schmelzöfen gab es in der Station. Darin wurden spezielle Metalllegierungen hergestellt, die nur in der Schwerelosigkeit entstehen können, weil die beiden Komponenten ein sehr unterschiedliches Gewicht haben und

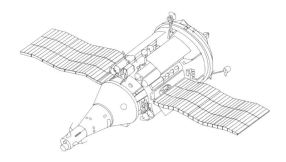

Abbildung 23: Diagramm eines TKS-Frachtraumschiffs. Links die kegelförmige VA-Kosmonautenkapsel samt Rettungsrakete, rechts das zylinderförmige Frachtmodul mit Solarzellenflügeln

Abbildung 24: Testmodell einer VA-Kosmonautenkapsel, das 1976 und 1978 ins All geflogen ist

Abbildung 25: Armaturenbrett einer VA-Kosmonautenkapsel

sich deshalb unter irdischen Bedingungen nicht gleichmäßig mischen. Sensoren untersuchten dabei winzige Beschleunigungen (etwa durch Bewegungen der Kosmonauten) und Schwankungen im Erdmagnetfeld, die Auswirkungen auf die Qualität der auskühlenden Metallschmelze haben könnten.

Zwei Anlagen zur Herstellung besonders reiner Halbleiterkristalle waren ebenfalls an Bord, sowie eine Elektrophorese-Anlage, mit der Eiweißstoffe (Proteine, Enzyme) aus dem menschlichen Blut und aus dem Urin isoliert werden konnten. Bei der Erforschung von Eiweißstoffen (zum Verständnis von Krankheiten oder zur Entwicklung von Medikamenten) ist eine hochreine Isolierung dieser Biosubstanzen nötig. Schließlich wurde in Saljut 7 auch mit Interferonen gearbeitet, also mit speziellen Eiweißstoffen des Immunsystems, die zur Bekämpfung von Viren und Tumoren eingesetzt werden können. Die künstliche Herstellung von Interferon mit Hilfe von Bakterien war erst kurz zuvor, im Jahr 1979, erstmalig gelungen.

Außen an der Hülle der Raumstation befand sich ein französisches Instrument, das monatelang winzige Kometenstaubpartikel sammelte, die durchs Weltall treiben. Später wurde das Instrument von Kosmonauten verschlossen, in die Station geholt und zur Erde zurückgebracht, um die außerirdischen Partikel in modernen Labors zu untersuchen.

1982: Langzeitrekord und eine Frau im All

Gleich die erste Besatzung der Raumstation Saljut 7 stellte einen Aufenthaltsrekord im All auf: 211 Tage blieben die Kosmonauten Anatoli Beresowoj und Walentin Lebedew in der Raumstation. Eine Premiere war der Besuch eines westlichen Raumfahrers, eines Franzosen, in einer russischen Raumstation. Einige Wochen später arbeitete die Testpilotin Swetlana Sawitskaja in der Station, sie widmete sich vor allem der Elektrophorese-Anlage zur Proteinuntersuchung.

Erstmals flogen damals Männer gemeinsam mit einer Frau in einem Raumschiff (Walentina Tereschkowa war ja alleine in ihrer Kapsel). Einige westliche Zeitungen schrieben in den folgenden Monaten, Sawitskaja und einer ihrer Kollegen hätten einen »Zeugungsversuch« unternommen (»Sex im Weltraum«). Die Sowjetunion dementierte dieses Gerücht ausdrücklich. Sawitskaja hatte unten auf der Erde einen Ehemann, und schwereloser Sex in Anwesenheit von insgesamt vier Männern würde wohl wenig Privatatmosphäre vermitteln. Vor allem aber wäre nicht auszuschließen, dass ein Embryo in der Schwerelosigkeit schwere Defekte entwickeln könnte, da die steuernde Wirkung der Schwerkraft fehlt.

März 1983: Ein geheimnisvolles Modul startet

Am 2. März 1983 hörte ich, wie das deutschsprachige Kurzwellenprogramm von Radio Moskau überraschend den Start eines »neuartigen Raumschiffes« meldete. Acht Tage später berichtete der Sender: »Ein Raumschiff eines neuen Typs hat heute an die Station Saljut angekoppelt. […] Der Raumflugkörper, der an die Station andockte, ist viel größer und geräumiger als die vorher eingesetzten Weltraumschiffe. Solche Apparate werden einen äußerst wichtigen Teil künftiger Orbitalkomplexe bilden. Sie werden als Raumschiffe verwendet werden, in denen Speziallabors und ganze Produktionsstätten untergebracht werden können.«

Skizzen oder gar Fotos des Moduls gab es damals im Westen nicht. Heute wissen wir, dass es sich bei dem geheimnisvollen »Kosmos 1443« um das Frachtmodul TKS-3 gehandelt hat. Transport von Menschen war einstweilen keiner geplant, da man die Luke im Hitzeschild für ein Sicherheitsrisiko hielt. Trotzdem war vorne am Modul eine VA-Kosmonautenkapsel montiert, in der sich erstaunlicherweise sogar drei Sitze für Raumfahrer befanden. Doch davon ahnte 1983 im Westen niemand etwas.

Kosmos 1443 enthielt die enorme Menge von 3,6 Tonnen Fracht: Unter anderem neue große Solarzellenflügel aus dem Material Gallium-Arsenid für die Raumstation, neue Computer-Bauteile, Wasser, Kanister zur Sauerstofferzeugung, Luftfilter, Forschungsgeräte und medizinische Ausrüstungen. Andere Dinge sollten die monatelangen Flüge abwechslungsreicher machen: Im Modul befanden sich daher auch Videokassetten mit Kinofilmen, eine Gitarre, sowie frische Früchte, Zwiebeln, Knoblauch und Senf. (Was die frischen Früchte betraf, rechnete man wohl mit der baldigen Ankunft von Kosmonauten.)

Gemeinsam mit dem 20 Tonnen schweren Frachtmodul war der Saljut-7-Orbitalkomplex nun 28 Meter lang und 40 Tonnen schwer.

Am 20. April 1983 starteten drei Kosmonauten, um einen monatelangen Forschungsflug in der vergrößerten Raumstation zu beginnen. Doch das Ankoppeln scheiterte, und sie mussten wieder zur Erde zurückkehren. Ende Juni gingen zwei andere Raumfahrer erfolgreich an Bord der Station. Erstmals schwebten Kosmonauten damals in ein TKS-Modul aus dem Konstruktionsbüro Tschelomei. Es war so unglaublich viel Fracht darin untergebracht, dass einer der beiden Männer bemerkte, es schaue aus wie in einem Kaufhaus. Die Berichte verraten leider nichts darüber, wie das vier Monate alte Obst inzwischen aussah, und welcher Geruch das Modul durchzog.

Am 23. August kehrte die VA-Kapsel separat zur Erde zurück, statt mit drei Kosmonauten war sie randvoll mit Forschungsergebnissen angefüllt. Das Frachtmodul selbst verglühte im September planmäßig in der Erdatmosphäre. Als nach dem Zerfall der Sowjetunion viele Raumfahrtrelikte aus Geldnot verkauft wurden, gelangte die VA-Kapsel von Kosmos 1443 nach New York und wurde dort im Dezember 1993 versteigert. Eine Stiftung des weltraumbegeisterten Milliardärs Ross Perot übergab sie schließlich dem »National Air & Space Museum« in Washington D.C., wo sie sich heute befindet.

September 1983: Raketen im Kalten Krieg

Während in Kasachstan ein neuer Sojus-Start vorbereitet wurde, lastete der Kalte Krieg wie ein Damokles-Schwert über der internationalen Politik. Tausende Atomraketen in Ost und West waren jederzeit einsatzbereit. An der Spitze Amerikas stand US-Präsident Ronald Reagan, der wenige Monate zuvor, im März 1983, das SDI-Programm propagiert hatte, dessen Ziel die Stationierung von futuristischen Waffen im Weltraum war, um anfliegende Atomraketen zu zerstören. Die Perversität der atomaren Bedrohung zeigte sich beispielsweise im August 1984, als Ronald Reagan bei einem Lautsprecher-Check vor einer Radioansprache »spaßhalber« grinsend ins Mikrofon sprach, er hätte soeben per Gesetz einen atomaren Erstschlag gegen die Sowjetunion angeordnet. Der Abschuss der Atombomben würde in fünf Minuten beginnen.

Auf sowjetischer Seite wurde am 26. September 1983 tatsächlich beinahe ein Atomkrieg ausgelöst. Es war ein milder Spätsommertag, als es im Kommandozentrum der sowjetischen Atomstreitkräfte plötzlich Alarm gab. Das Frühwarnsystem meldete anfliegende amerikanische Atomraketen. Der wachhabende Offizier, Stanislaw Petrow, gab diese Meldung entgegen allen Vorschriften nicht weiter, da er einen Fehlalarm vermutete. Er verhinderte so den Start von (echten) sowjetischen Atomraketen und den Abwurf von Atombomben auf amerikanische Städte. Später zeigte sich, dass ein sowjetischer Frühwarnsatellit Lichtreflexionen über einer US-Raketenstellung in Montana für einen Raketenstart gehalten hatte. Petrow bekam für die Verhinderung eines Atomkrieges allerdings keinen Orden, sondern galt künftig als unzuverlässig. Bis 1998 wurde der Vorfall von den russischen Militärs geheim gehalten.

Exakt zehn Jahre später, im September 1993, unterzeichneten der US-Vize-Präsident Al Gore und der russische Premierminister Wiktor Tschernomyrdin einen Vertrag über den Bau einer gemeinsamen Raumstation. Damals, 1983, mitten im Kalten Krieg, schien so ein Projekt völlig undenkbar.

An jenem 26. September 1983, als beinahe ein Atomkrieg ausbrach, warteten zwei Kosmonauten in Kasachstan auf den Start ins All. Bereits im April waren Wladimir Titow und Gennadi Strekalow zur Saljut-Station geflogen, wie erwähnt war jedoch das Ankoppeln misslungen.

Doch Radio Moskau meldete in jenen Septembertagen keinen Kosmonautenflug. Stattdessen sickerten einige Tage später Gerüchte über einen gescheiterten Start in den Westen.

September 1983: Kosmonauten sitzen auf einer brennenden Rakete!

Es ist ein warmer Tag in der kasachischen Steppe an jenem Abend des 26. September 1983. Etwa gegen 21 Uhr steigen Titow und Strekalow vom Startgerüst hinüber in die Raketenspitze, wo sich unter einer Schutzhülle das Sojus-Raumschiff befindet. Der Start soll erst nach Mitternacht stattfinden, genau dann, wenn sich das Startgelände auf-

Abbildung 26: September 1983: Wladimir Titow und Gennadi Strekalow wurden per Notabschuss gerettet, als unter ihnen die Rakete explodierte.

grund der Erddrehung exakt unter der (nicht mit rotierenden) Umlaufbahn der Raumstation befindet. Tagsüber hat es sommerliche 27 Grad gehabt, nun kommt Wind auf, und es kühlt stark ab. Wie so oft bei mehrstündigen Startvorbereitungen wird in die Kapsel über Funk Musik eingespielt, um die Kosmonauten ein wenig abzulenken.

Bald ist Mitternacht vorbei, die Rakete ist nun vollgetankt. Wenige Minuten sind es noch bis zum Start. Etwa 90 Sekunden vor der Zündung der Triebwerke tritt ein kleiner Defekt auf, der ungeheure Folgen haben wird. Das Ventil einer Rohrleitung, durch die Treibstoff in die seitlichen Zusatzraketen strömt, versagt und schließt nicht. Überschüssige hochbrennbare Flüssigkeit quillt seitlich aus dem Stutzen und rinnt außen an der Rakete herab. Unter ihr sammelt sich ein kleiner See aus Treibstoff. Durch irgendeinen

Funken oder ein heißes Stück Metall entzünden sich die Dämpfe. Feuer! Flammen lodern entlang der Außenhülle der Rakete hinauf, eine höchst brisante Situation, da deren Tanks randvoll mit 270 Tonnen Treibstoff gefüllt sind!

Vom Bunker aus sieht der Startdirektor mit einem Periskop die lodernden Flammen und erkennt sofort die Gefahr. Die beiden Kosmonauten in der Raketenspitze sehen zwar nichts, da ihr Raumschiff von einer Schutzhülle umgeben ist, sie erfahren jedoch über Funk von dem Feuer.

Normalerweise würde in so einer Notsituation die kleine Rettungsrakete an der Raketenspitze zünden und Raumkapsel samt Kosmonauten viele hundert Meter in die Höhe reißen, bis eine sichere Landung am Fallschirm möglich ist. Noch nie musste das System bei einem bemannten Start verwendet werden, bei unbemannten Fehlstarts von Mondraumschiffen zeigte es jedoch hohe Zuverlässigkeit. Ausgerechnet diesmal aber gibt es ein Problem: Die Flammen haben – wie wir heute wissen – die elektrischen Drähte für das Aktivieren der Rettungsrakete durchgeschmort. Die Notabschussautomatik funktioniert nicht. Im Raumschiff selbst gibt es keine Möglichkeit, die Notrakete zu zünden.

Die Flammen lodern immer höher, bis hinauf zum Raumschiff an der Raketenspitze. Jeden Augenblick können die Treibstofftanks in einem riesigen Feuerball platzen, die Startrampe in einen Haufen Metall verwandeln und die beiden Kosmonauten ins Jenseits befördern. Es gibt noch eine zweite Methode zum Auslösen der Rettungsrakete: Zwei Techniker in getrennten Räumen müssen gleichzeitig (mit weniger als fünf Sekunden Abstand) ein bestimmtes Funksignal zur Rakete schicken.

Vom Startbunker wird das entsprechende Code-Wort zu den Technikern gesandt, diese drücken sofort auf den

Knopf. Zehn endlose Sekunden sind seit dem Ausbruch des Feuers vergangen.

Vom Beobachtungsbunker sehen die Flugkontrolleure, wie an der Raketenspitze etwas Helles funkensprühend in den finsteren Nachthimmel hinaufsteigt. Tatsächlich: Die Rettungsrakete hat funktioniert, die Raumkapsel wurde blitzartig in die Höhe gerissen. Die Beschleunigung ist unglaublich: In drei Sekunden beschleunigt sie von Null auf etwa Schallgeschwindigkeit, also auf rund tausend Kilometer pro Stunde. Ein höllischer Aufstieg! Die beiden Russen müssen kurzzeitig ihr 14- bis 17-faches Körpergewicht ertragen. Ein Mann mit 80 Kilogramm Gewicht hat dabei das Gefühl, rund 1,2 Tonnen zu wiegen. Nur wenige Sekunden dauert der wilde Schub, dann erreicht die Kapsel eine maximale Höhe von etwa 700 Metern über der in der Finsternis unsichtbaren Steppe. ([32] Je nach Bericht variieren diese Werte ein wenig.)

Der Computer spürt beim Aufstieg die Windrichtung und steuert das Triebwerk entsprechend, damit die Kapsel später, am Fallschirm hängend, nicht vom Wind zurück in das drohende Inferno getragen wird. In diesem Moment tritt das Inferno ein: Rund sechs Sekunden nach dem Notabschuss der Raketenspitze verwandelt sich die Sojus-Rakete mit einem grauenhaften Knall in einen riesigen Feuerball.

Etwa zu diesem Zeitpunkt werden die vier Seitenteile der Raketenspitze mit einem krachenden Geräusch abgesprengt, nur 700 Meter über der Erde wird der Reservefallschirm aktiviert und der schwere Hitzeschild abgeworfen. Kurze Zeit später schlägt die Raumkapsel mit Titow und Strekalow ziemlich hart auf dem Steppenboden auf, nur leicht gebremst durch eine Zündung der Landetriebwerke. Vier Kilometer von der brennenden Startanlage und den Raketentrümmern entfernt liegt die Raumkapsel in der finsteren Steppe. Am Horizont sehen die Kosmonauten das flammende Inferno.

Wie schon im April haben Titow und Strekalow auch diesmal Pech gehabt, wieder wird es keine Langzeitexpedition geben. Über Funk meldet sich die beruhigende Stimme der Bodenkontrolle: Alles sei in Ordnung, gleich werde jemand kommen und beim Aussteigen helfen. Sie sollten sich keine Gedanken machen, sie würden einfach das nächste Mal fliegen … [26]

Wegen der Entfernung und der Dunkelheit treffen die Rettungsteams erst nach einer halben Stunde bei der Kapsel ein. Die Kosmonauten bitten als Erstes um Zigaretten. Vor der medizinischen Untersuchung erhalten sie direkt neben der Raumkapsel eine kräftige Portion Wodka, um die Schrecksituation besser zu verdauen. Beide Männer erweisen sich als unverletzt. Die Startanlage mit den Trümmern der Rakete – es ist jene, von der auch der erste Satellit Sputnik und der erste Kosmonaut Juri Gagarin gestartet ist – brennt noch zwanzig Stunden lang.

Eigentlich war die Beinahe-Katastrophe vom September 1983 ein Ruhmesblatt in der russischen Raumfahrtgeschichte. Denn sie bewies, wie zuverlässig das Rettungssystem arbeitet. Damals, in der Zeit von Staats- und Parteichef Juri Andropow, sah man dies jedoch anders. Das Ereignis blieb zunächst geheim.

Vier Tage später berichtete die Zeitung »Washington Post« unter Berufung auf den US-Geheimdienst CIA von der Explosion einer Sojus-Rakete. Die Raumkapsel sei durch die Wucht der Detonation hoch in die Luft geschleudert worden (was falsch war), und die drei (!) Kosmonauten (was ebenfalls falsch war) seien am Fallschirm unverletzt zur Erde geschwebt. Mitte Oktober wurde im Österreichischen Rundfunk in der »Technischen Rundschau« sogar behauptet, die Kosmonauten seien schwer verletzt worden. Gerüchte mischten sich wild mit Tatsachen.

Tatsächlich sind Sojus-Raketen weitaus sicherer als das Space Shuttle der NASA. Bei ihnen ist ein Notabschuss zu jedem Zeitpunkt möglich, während bei US-Raumfähren kurz vor dem Start nur ein riskantes Flüchten der Astronauten mit einer Art Seilbahn vorgesehen ist. Solange beim Aufstieg die Zusatzraketen brennen, gibt es überhaupt keine Rettungsmöglichkeit, bei späteren Notfällen müsste das Shuttle in einem riskanten Looping zurück nach Florida oder zu einer Notlandepiste in Spanien oder Westafrika gleiten.

Juli 1984: Der geheimnisvolle »dritte Mann«

Nach den Turbulenzen von 1983 gelang im folgenden Jahr ein achtmonatiger Rekordflug dreier Kosmonauten. Im Sommer kam eine dreiköpfige Gastbesatzung in die Station. Zwei der drei Gäste waren damals auch im Westen wohlbekannt: Der erfahrene Kosmonaut Wladimir Dschanibekow und Swetlana Sawitskaja, die zweite Frau im All, stiegen gemeinsam in den offenen Weltraum aus, um mit einem Schweißgerät eine geplatzte Treibstoffleitung zu reparieren.

Der dritte Gast, ein gewisser Igor Wolk, wurde in den Berichten von Radio Moskau nur kurz erwähnt. Es hätte gut sein können, dass dieser geheimnisvolle »dritte Mann« einfach ein junger Kosmonauten-Neuling ist, der bei die-

Abbildung 27: Juli 1984: Wladimir Dschanibekow (links), Swetlana Sawitskaja und der »dritte Mann« Igor Volk (rechts). Volk war für den ersten bemannten Flug der Raumfähre Buran vorgesehen.

sem Flug Weltraumerfahrung sammeln sollte. Tatsächlich aber gehörte Wolk zu den erfahrensten Testpiloten der Sowjetunion. Sein Flug war Teil eines zweiten, streng geheimen Parallel-Weltraumprogramms, das damals mit ungeheurem technologischem und finanziellem Aufwand vorbereitet wurde! Es ging dabei um den Bau der riesigen Energia-Rakete und um die geplanten großen Raumfähren, sozusagen das Gegenstück zum Space Shuttle der NASA.

Das geheime Energia-Buran-Programm

In der Sowjetunion rätselte man schon in den 70er Jahren über die militärischen Weltraumpläne des Pentagons.

Bereits im Jahr 1976 wurde als Antwort auf das amerikanische Space-Shuttle-Projekt das Programm zum Bau der Riesenrakete Energia und der Raumfähre Buran gestartet (wobei diese beiden Bezeichnungen aber erst viel später aufkamen). Für die Großrakete gab es verschiedene, teilweise sehr spekulative Anwendungsvorschläge, die aber nur für ein finanziell bestausgestattetes Weltraumbudget denkbar waren: Sehr große Bauteile einer Raumstation, sehr große unbemannte Marssonden, schwere Kommunikationssatelliten im geostationären Orbit oder sogar eine nur zeitweise bemannte Weltraumfabrik für Halbleiterkristalle (»TMP«). Das sowjetische Militär wiederum plante gigantomanische Gegenstücke zum Weltraumwaffenprogramm SDI. [39]

Sogar noch in den späten 80er Jahren entstanden trotz Wirtschaftskrise weitere Studien für monumentale, aber unfinanzierbare Projekte zur Verwendung der Energia: Da wurde an verspiegelte Reflektorsatelliten gedacht, die Sonnenlicht in die sechsmonatige Polarnacht nordsibirischer Städte spiegeln könnten, an 20 Tonnen schwere Umwelt-Monitoring-Satelliten in geostationärer Umlaufbahn, und an ein 20 Meter großes und 27 Tonnen schweres (!) Radioteleskop »IVS«, das, 150.000 Kilometer von der Erde entfernt, mittels Interferometrie sensationelle Bilder von fernen kosmischen Objekten liefern könnte. Auch der Zusammenbau eines Raumschiffes für eine zukünftige bemannte Marsexpedition wurde angedacht, sowie der Start von Mondlandesonden, die das dort vorkommende seltene Helium-3-Isotop aus dem Gestein gewinnen könnten, das in irdischen Kernfusionsreaktoren verwendbar wäre. Und schließlich gab es sogar die haarsträubende Idee, pro Jahr zwölf Energia-Raketen zu starten, von denen jede einen 50

Tonnen schweren Container mit radioaktivem Atomabfall weit hinaus ins All schießen würde, um sich eine irdische Endlagerung zu ersparen.

Die großen Buran-Raumfähren wiederum sollten beim Aufbau von Raumstationen und anderen Großobjekten mitwirken. Das Originaldokument aus dem Jahr 1976, einst Top Secret, heute in russischen Archiven zugänglich, zeigt allerdings, dass Sowjetregierung und Partei für die Raumfähren primär militärische Aufgaben ins Auge fassten. Manche Details dieser Pläne unterliegen auch heute noch der Geheimhaltung. Der geplante Start von zivilen Satelliten und Raumstationen galt in den 70er Jahren lediglich als willkommener »Zusatznutzen«.

Man kann es sich kaum vorstellen: Dieses riesige Raumfahrtprogramm rund um die Großrakete Energia war 1984 so geheim, dass selbst der US-Geheimdienst CIA nur wenige Details davon kannte, und in der westlichen Öffentlichkeit nur vage Gerüchte kursierten. Offiziell gab es nur das Programm der Saljut-Raumstationen und Sojus-Raumschiffe.

Was im Sommer 1984 niemand im Westen ahnte: Der geheimnisvolle »dritte Mann« der Gastbesatzung, Igor Wolk, war jener brillante Testpilot, der die Raumfähre Buran beim ersten bemannten Weltraumflug steuern sollte. Wann dieser Flug stattfinden würde, stand 1984 noch nicht fest. Unmittelbar nach der Rückkehr zur Erde sollte Wolk ein Flugzeug besteigen, um zu zeigen, dass Piloten auch nach einer Woche Schwerelosigkeit noch zuverlässig fliegen können.

Der Aufwand für das sowjetische Buran-Programm war so gewaltig, dass Anfang 1984 sogar die Bauarbeiten an der künftigen Raumstation MIR gestoppt wurden, um alle Ressourcen auf Buran zu konzentrieren. Im Frühjahr 1984 wurde Raketenkonstrukteur Walentin Gluschko jedoch zum »Minister für Weltraum und Verteidigung« befördert und ordnete einen sofortigen Weiterbau der MIR an, um einen Start im Jahr 1986 anzupeilen.

1985: Ein großer Plan – und merkwürdige Radiomeldungen

Für 1985 war eine monatelange Forschungsexpedition in der Station Saljut 7 geplant. Im Frühjahr sollte außerdem das vierte TKS-Frachtraumschiff ankoppeln, um etliche Monate als Forschungsmodul zu dienen. Im November schließlich würde eine aus drei Frauen bestehende Gastbesatzung zur Station fliegen: Die drei Kosmonautinnen Swetlana Sawizkaja, Jekaterina Iwanowa und Jelena Dobrokwaschina sollten etwa eine Woche im Weltraum arbeiten.

Doch es kam völlig anders.

Zunächst waren westliche Beobachter ein wenig verwirrt. Am 1. März 1985 hörte ich in Radio Moskau, »… dass das geplante Programm der Arbeiten an der sowjetischen Orbitalstation Saljut 7 völlig ausgeführt worden ist. Die Station wurde konserviert und setzt ihren Flug im automatischen Betrieb fort. Sie funktioniert im Orbit seit über 34 Monaten.«

Solche Resümees bedeuteten in sowjetischer Zeit normalerweise, dass die Arbeit in einer Raumstation beendet war und der gesteuerte Wiedereintritt der Station über dem Pazifik bevorstand. Doch dann, am 8. April 1985, brachte der Kurzwellensender von Radio Moskau eine überraschende

Meldung: »Sie hören Nachrichten von Radio Moskau. Die sowjetischen Kosmonauten rüsten zu neuen Raumflügen. Sie bereiten sich vor, neue, friedliche Weltraumforschungsprogramme in Angriff zu nehmen. Dies erklärte der Raumfahrer Pjotr Klimuk für die Presse zum Tag der Kosmonautik, der am 12. April begangen wird. Die sowjetischen Stationen vom Saljut-Typ, sagte er, haben bewiesen, dass sie zuverlässig im Betrieb und zweckmäßig sind. Mit Hilfe solcher außerirdischer Flugsysteme werden unter anderem auch die Erdbodenschätze erforscht.«

Die »außerirdischen Flugsysteme« brachten sicher viele Radiohörer zum Schmunzeln. Anfang Juni 1985 startete dann tatsächlich ein Sojus-Raumschiff mit zwei Kosmonauten. Wie immer kam die Meldung überraschend, da Starts damals nicht im Voraus angekündigt wurden. Ich saß damals abends vor dem Radio und hörte, überlagert von schwirrenden, rauschenden Störgeräuschen, den merkwürdigen Hinweis, dass die Luft in der Raumstation »gestaut und kalt« sei, was auch immer das bedeuten mochte. Da sämtliche Informationen durch Parteifunktionäre gefiltert wurden, konnte man oft schwer beurteilen, was im Weltraum wirklich vor sich ging. Immer wieder wurde betont, dass man diesmal besonders erfahrene Kosmonauten zur Station geschickt habe.

Zwischendurch wurde von dem schneeweißen Ballon erzählt, der samt einigen Messinstrumenten von der russischen Raumsonde VEGA beim Planeten Venus abgesetzt worden sei und nun in den stürmischen Schwefelsäurewolken dahintreibe. Einige Tage später berichtete Radio Moskau dann beiläufig, es gäbe in der Raumstation wieder »Licht«. Seltsam. Waren die Kosmonauten tagelang im Dunkeln gewesen?

Heute wissen wir, dass monatelang kein Funkkontakt zur Raumstation möglich war, alle Bordsysteme waren tot, die Kontrollpulte von Eiskrusten bedeckt. Was war geschehen?

Frühjahr 1985: Funkstille – und ein Plan für eine wagemutige Expedition

11. Februar 1985. Die Raumstation Saljut 7 fliegt im unbemannten Modus. Doch an diesem Tag sendet die Station keine Telemetrie-Daten über den Zustand der Bordsysteme zur Erde. Auch in den nächsten Tagen und Wochen kommt kein Funkkontakt zustande, und man überlegt bereits, die Raumstation aufzugeben, da die Nachfolgestation, die einmal den Namen MIR bekommen wird, bald startbereit ist. Allerdings könnten bei einem unkontrollierten Absturz Trümmer auf bewohntes Gebiet fallen, theoretisch auch auf Mitteleuropa. Es wird daher ein Plan für eine Rettungsmission ausgearbeitet, die von zwei besonders talentierten Kosmonauten durchgeführt werden soll, nämlich von Wladimir Dschanibekow und Wiktor Sawinych.

Am 6. Juni 1985 starten die Kosmonauten, es ist ein Flug ins Ungewisse. Zwei Tage später erkennen sie aus zehn Kilometer Distanz erstmals die tote Station. Die Positionslichter leuchten nicht, und die Solarzellenflügel sind nicht auf die Sonne ausgerichtet. Stattdessen rotiert Saljut 7 ganz langsam.

Normalerweise würde die Raumstation das Radarsignal des Sojus-Raumschiffes spüren und sich automatisch so drehen, dass der Kopplungsstutzen zu den Kosmonauten zeigt. Doch nichts geschieht. Als beide Raumfahrzeuge auf die Nachtseite der Erde gelangen, benützen die Kosmonauten einen Restlichtverstärker, um die fast unsichtbare Station in der Finsternis zu orten. Ein Anprall des 7 Tonnen schweren Raumschiffs an die 20 Tonnen schwere Saljut wäre lebensgefährlich.

Sawinych zielt außerdem mit einer Art Laserpistole durch das Kapselfenster auf die Raumstation, um deren relative Geschwindigkeit und Entfernung zu messen. Er tippt die Messdaten in einen Bordcomputer ein und ruft sie gleichzeitig seinem Kameraden zu, der, häufig durchs Fenster blickend, die Steuerungsdüsen des Raumschiffs betätigt. Dschanibekow gilt als ausgezeichneter Pilot, Sawinych wiederum ist ein genialer Kopfrechner und wird oft »menschlicher Computer« genannt.

Das Steuern eines Raumschiffes im Weltraum ist eine merkwürdige Sache. In jeder Flugbahn ist nur eine ganz bestimmte Geschwindigkeit möglich, wird sie verändert, ändert sich auch die Zielrichtung der Bewegung. Wenn man mit dem Triebwerk bremst, sinkt die Flugbahn ab, und das Raumschiff wird schneller! Umgekehrt führt eine Beschleunigung der Kapsel zu einer größeren Entfernung von der Erde und daher zu einer Verlangsamung. Will man also eine vorausfliegende Raumstation einholen, darf man nicht beschleunigen, sondern muss bremsen, um auf einer tieferen, schnelleren Bahn die Station einzuholen!

200 Meter von der Station entfernt hält Dschanibekow das Raumschiff an und wartet auf die Kopplungserlaubnis der Bodenstation. Dann fliegt er zu dem Andockstutzen und versetzt sein Sojus-Schiff in leichte Drehung, um mit der Drehung der Station übereinzustimmen. Wieder ist der 45-minütige Flug über die Tagseite der Erde fast vorbei, vor ihnen liegt die finstere Nachtseite des Planeten. Dschanibekow gelingt es, von den letzten Sonnenstrahlen beleuchtet,

Abbildung 28: Wiktor Sawinych (links) und Wladimir Dschanibekow reparierten im Sommer 1985 die eisverkrustete, finstere Raumstation »Saljut 7«.

per Handsteuerung an die Station anzukoppeln. In der Bodenstation bricht tosender Jubel aus.

Eine tote, vereiste Raumstation – wie aus einem Science-Fiction-Film!

Der Kinofilm »2010 – Das Jahr, in dem wir Kontakt aufnehmen« aus dem Jahr 1984 zeigt, wie sich russische und amerikanische Raumfahrer in einer Jupiter-Umlaufbahn dem monumentalen, toten Raumschiff »Discovery I« nähern und dessen Systeme vorsichtig wieder in Betrieb nehmen. Ein Jahr später, im Sommer 1985, ereignen sich ähnliche Szenen in der Realität, im Weltraum. Allerdings in der Erdumlaufbahn und nicht beim Jupiter.

Sojus ist nun fest an die Station angedockt, und die Kosmonauten prüfen wie üblich, ob die Verbindung luftdicht ist. Noch wissen sie nichts über die Bedingungen in der Station. Gibt es darin überhaupt noch Luft? Da in der Station kein Strom fließt, dringen keine Informationen nach außen. Die Kosmonauten öffnen ein kleines Ventil in der Luke: Tatsächlich, es gibt Luft in Saljut 7! Die Ursache des Defekts war also *nicht* der Aufprall von Weltraumschrott oder von einem Meteoriten. Ein solches Loch hätte zum Entweichen der Luft und wegen des Vakuums zu einem Versagen der elektrischen Anlagen geführt.

Noch ist jedoch unklar, ob die Luft in der Station sauber ist, oder ob sie – etwa durch einen Brand – vergiftet wurde. Wladimir Dschanibekow und Wiktor Sawinych setzen warme Mützen auf und ziehen dicke Pelzkleidung und Filzstiefel an, die sie extra für diese Aufgabe von der Erde mitgenommen haben. Sie schnallen sich zunächst auch

Gasmasken vors Gesicht und öffnen die Luke. In der Station ist es stockfinster und eisig kalt – die Kosmonauten schätzen die Temperatur auf minus zehn Grad Celsius. Die Luft riecht irgendwie modrig, und an einigen Stellen sehen die Kosmonauten im Lichtkegel einer Taschenlampe »Schwerelosigkeits-Eiszapfen«. Wie diese aussehen, wird in den Berichten nicht gesagt, offenbar sind es Eisbildungen, die wegen der fehlenden Schwerkraft nicht senkrecht nach unten hängen.

Die Kosmonauten schweben nun in die eisige, stockdunkle Raumstation, mit Taschenlampen fliegen sie durch den unheimlichen, finsteren und totenstillen Zylinder. Normalerweise sind Raumstationen ständig vom Summen der Ventilatoren, Computer und sonstiger Geräte erfüllt. Hier aber herrscht völlige Stille. Auf den Kontrollpulten und an den Bullaugen befinden sich Eiskrusten, wo die Luftfeuchte irgendwann kondensiert und zu Eis gefroren ist. An einer Steckdose prüfen die Kosmonauten die Spannung: Wie befürchtet gibt es keinen Strom. Auch Befehle vom Kontrollpult zeigen nicht die geringste Wirkung. Die Zeiger aller Speicherbatterien, also der Akkus für die Energieversorgung, zeigen auf null, auf »völlig entladen«.

Ohne Ventilationssystem ist der Aufenthalt in der Station gefährlich. Um den Kopf eines Menschen bildet sich rasch eine Wolke von ausgeatmetem Kohlendioxid, die zu Kopfschmerzen, Benommenheit und eventuell sogar zu Bewusstlosigkeit führen kann. Mit Strom aus dem Sojus-Raumschiff basteln die Kosmonauten daher als erste Maßnahme eine provisorische Ventilation.

Es ist merkwürdig: Selbst wenn die Sonne auf die Solarzellenflügel scheint, kann im Energieversorgungssystem der Station keinerlei Stromspannung gemessen werden. Offenbar sind die Solarzellenflügel vom Energiesystem der Station abgetrennt. Rätsel über Rätsel … Für das erneute Herstellen dieser Stromverbindung müsste man einen elektrischen Schalter betätigen, den Strom für diesen Vorgang könnte man mit einem Kabel aus dem Sojus-Raumschiff entnehmen. Doch dies erscheint den Verantwortlichen in der Bodenstation als zu gefährlich. Störungen im Kabelsystem der Raumstation könnten das elektrische System des Sojus-Raumschiffs ruinieren und die Kosmonauten in Lebensgefahr bringen.

In einer weitaus komplizierteren, aber sicheren Methode beginnen die Kosmonauten nun im Licht der Taschenlampen, die Akkus zu zerlegen und einzeln direkt an die Kabel der Solarzellenflügel anzuschließen. Zwischendurch wärmen sie sich in der geheizten Sojus-Kapsel auf, wo sie auch schlafen und essen. So vergehen die ersten Stunden und Tage.

Die Raumstation zeigt erste Lebenszeichen

Am 10. Juni, also am zweiten Tag nach der Kopplung, beginnt das direkte Aufladen des ersten Akkus. Mit den Triebwerken des Sojus-Schiffes wird die Station gedreht, sodass die Solarzellenflügel möglichst hell von der Sonne bestrahlt werden. Nach einigen Stunden ist der Akku teilweise geladen und wird von den Männern an das Energiesystem der noch immer finsteren und eiskalten Station angeschlossen. Es gelingt, einzelne Bordsysteme einzuschalten.

Die Kosmonauten erkennen nun die Ursache für den Defekt: Ein Steuerelement, das leere Akkus an die Solarzellenflügel anschließt, war kaputt geworden. Alle Akkus wurden langsam leer, bis die Stromversorgung der Station zusammenbrach. Wären zu diesem Zeitpunkt im Februar Menschen an Bord gewesen, hätte man das Problem mit wenigen Griffen beheben können.

Der gesamte Wasservorrat der Station ist zu Eis erstarrt, das elektrische Auftauen würde Wochen dauern, das mitgebrachte Trinkwasser reicht jedoch nur für acht Tage. Möglichst rasch muss daher ein Frachtraumschiff mit Vorräten zur Station fliegen.

Es wird ein Wettlauf mit der Zeit: Endlich, nach einigen Tagen, sind sechs der acht großen Akkus geladen, die beiden anderen sind offensichtlich kaputt. Die funktionierenden Exemplare, die bisher direkt mit den Kabeln der Solarzellen verbunden waren, werden nun wieder regulär an das Energieversorgungssystem der Station angehängt. Was für ein großer Moment: Es gibt wieder Licht und Strom in der noch immer eiskalten Station. Das System, das die Solarzellenflügel nach der Sonne ausrichtet, beginnt zu arbeiten, die Bodenstation empfängt erste Funksignale von Saljut 7, und das Wärmeregulierungssystem beginnt mit dem Aufwärmen der Station.

Dies muss jedoch ganz langsam erfolgen: Andernfalls würde die Luftfeuchte an kalten Geräten und elektrischen Systemen kondensieren und zu Kurzschlüssen führen. Die Kosmonauten wärmen daher zuerst die Luft und die Instrumente leicht an und beheizen erst danach die Wände der Station.

Ein Test zeigt, dass das System für die Annäherung und Kopplung von Frachtraumschiffen noch funktioniert. Die Kosmonauten jubeln, da sie die Station andernfalls hätten aufgeben müssen. Am 23. Juni koppelt der Frachter »Progress 24« an, er bringt neue Akkus, Wasser, Luft, Treibstoff,

Kleidung und andere Vorräte. Auch ein neuer Wassererhitzer ist an Bord, da jener in der Station durch Eisbildung gesprengt wurde. Immer schneller taut das Wasser auf, die Luft wird angenehm warm, und im Lauf der kommenden Wochen können Dschanibekow und Sawinych tatsächlich wieder mit Forschungsarbeiten beginnen.

Die Rettung der vereisten Raumstation Saljut 7 war eine technische Meisterleistung, die hohes Können und Mut erforderte. Wenige Monate zuvor, im März 1985, hatte Michail Gorbatschow in der UdSSR die Macht übernommen. Als Zeichen der neuen Offenheit der Glasnost-Politik wurden viele Details dieser Weltraumexpedition in den folgenden Wochen öffentlich gemacht. Auf einer internationalen Raumfahrtausstellung im belgischen Ostende wurde ein Jahr später sogar ein kurzer Film darüber gezeigt. Ich war damals zufällig in Belgien unterwegs und erinnere mich an die gespenstischen Filmaufnahmen: Im Licht einer Taschenlampe, inmitten einer finsteren Raumstation, kratzte die vom Handschuh eingehüllte Hand eines Kosmonauten eine Eiskruste von einem runden Bullauge ...

Februar 1986: Die MIR-Station eröffnet ein neues Raumfahrtzeitalter

Im September 1985 gab es erstmals einen fliegenden Besatzungswechsel im All, kurz war auch eine Raumfahrtlegende in der Station: Georgi Gretschko, 1931 geboren, hatte in den 50er Jahren gemeinsam mit Koroljow am Sputnik-Satellit und an frühen Luna-Mondsonden mitgearbeitet, danach für bemannte Mondflüge trainiert und später viele Wochen in Raumstationen gearbeitet.

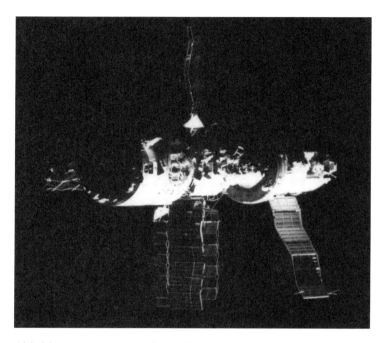

Abbildung 29: Eines der seltenen Fotos von einem TKS-Frachtmodul im Weltraum: TKS-4 (»Kosmos 1686«, rechts) angekoppelt an die Raumstation »Saljut 7«, Bildmitte (Herbst 1985)

Wenige Wochen nach dem Andocken des vierten TKS-Frachters musste die Stationsbesatzung jedoch verfrüht zur Erde zurückkehren, weil ein Kosmonaut an einer fiebrigen Entzündung erkrankt war. Der Flug der drei Russinnen musste deshalb abgesagt werden, er wurde nie mehr nachgeholt, da die Kommandantin, die weltraumerfahrene Swetlana Sawitzkaja, bald darauf schwanger wurde.

Während das amerikanische Raumfahrtprogramm nach der Explosion des Space Shuttle Challenger im Januar 1986 zum Stillstand kam, begann in der Sowjetunion am 20. Februar 1986 mit dem Start des Kern-Moduls der Raumstation MIR ein neuer Abschnitt der Raumfahrtgeschichte.

MIR hatte sechs (!) Kopplungsstutzen, an denen in den folgenden Jahren zahlreiche Forschungsmodule ankoppelten. Die MIR-Station kreiste volle 15 Jahre um die Erde, von 1986 bis 2001! In diesem Zeitraum waren 96 Menschen in der Station zu Gast, einige von ihnen zwei- bis fünfmal. Der Kosmonaut und Arzt Waleri Poljakow verbrachte durchgehend unglaubliche 14 Monate in der Station, insgesamt arbeitete er auf seinen beiden Flügen 679 Tage im Weltraum.

Die Wurzeln der Module von MIR und ISS

Das ursprüngliche Konzept des MIR-Orbitalkomplexes von 1976 enthielt viele kleine, sieben Tonnen schwere Module, die mit Sojus-Raketen starten sollten. Als das Almaz-Programm endete, fiel im Februar 1979 die Entscheidung, weitere große TKS-Frachter zu bauen, um sie als Forschungsmodule für die MIR zu verwenden. Das kleine Astronomiemodul »Quant-1« war ursprünglich für eine Kopplung mit Saljut 7 vorgesehen.

Auch das »Zarya«-Modul, der erste Bauteil der ISS-Station, basiert auf dem TKS-Konzept aus der Tschelomei-Raumschiffwerft. Das russische Kernmodul »Zvezda« hingegen wurde im Koroljow-Werk gebaut und ähnelt Saljut und MIR. Selbst in der Internationalen Raumstation spiegelt sich also noch die alte Rivalität der beiden großen Konstrukteure Koroljow und Tschelomei, die die frühen Jahre der russischen Raumfahrt prägten.

Zvezda (»DOS-8«) hat überhaupt eine seltsame Geschichte: Ursprünglich war es ein Duplikat der MIR-Station und wurde schon im Februar 1985 (!) fertiggestellt und im Herbst 1986 mit Innenausrüstung ausgestattet. Nach 5-jähriger Verwendung der MIR sollte der Zylinder als »MIR-2« starten. Anfang der 1980er Jahre war sie ähnlich wie MIR-1 projektiert. Als US-Präsident Reagan 1983 das SDI-Programm propagierte, reagierte Sowjet-Präsident Andropow mit einer streng geheimen Weltraumoffensive (siehe unten). Am MIR-2-Basisblock sollten nach Andropows Plänen ab 1993 riesige, 90 Tonnen schwere Module andocken, die mit Energia-Raketen ins All fliegen würden. Nach dem Zerfall der UdSSR schrumpfte das Stationskonzept wieder, und 1993 fusionierte das MIR-2-Konzept mit der geplanten US-Raumstation zur ISS. Statt russischer fliegen nun amerikanische Raumfähren zur Station.

Mai 1987: Polyus – Ein seltsames Relikt des Kalten Krieges

Mitte Mai 1987 erhob sich mit ohrenbetäubendem Getöse die erste riesige Energia-Rakete von ihrem Startplatz in Tyuratam. Vollgetankt wog das Ungetüm beim Start rund 2000 Tonnen. Ihre Triebwerke erzeugten einen stärkeren Schub als jene der NASA-Mondrakete Saturn 5, und sie konnte fast 100 Tonnen Nutzlast in den Weltraum tragen. Im Gegensatz zu den N1-Mondraketen, die zwischen 1969 und 1972 viermal gescheitert waren, gelang der Energia ein perfekter Start.

Ein großes Geheimnis umgab allerdings die Nutzlast. Ei-

Abbildung 30: Die riesige erste Energia-Rakete mit ihrer 80 Tonnen schweren Nutzlast »Polyus« (schwarzer Zylinder) wird von Diesellokomotiven (links) zum Startplatz gezogen. (1987)

ne dürre Meldung der Nachrichten-Agentur TASS besagte, eine »Satellitenattrappe« hätte leider die Erdumlaufbahn verfehlt und wäre wegen eines Defekts in den Pazifik gestürzt. Es fiel auf, dass fast alle (damaligen!) Aufnahmen der Rakete bloß die Vorderseite zeigten. Nur ein einziger russischer TV-Bericht über den Start, der von westlichen Sendern übernommen wurde, zeigte ganz kurz die Nutzlast, nämlich eine Art riesiges, schwarzes Rohr, das seitlich an der Rakete befestigt war. Die Geheimnistuerei war tatsächlich kein Zufall. Offiziell wurde in den folgenden Tagen behauptet, es handelte sich bei dieser 38 Meter (!) langen und 80 Tonnen (!) schweren Nutzlast namens »Polyus« um eine »vergrößerte Version des MIR-Moduls«. Außerdem kursierten Behauptungen, das schwarze Modul, das viermal so schwer war wie jede bisherige Raumstation, wäre eigentlich als kosmische Fabrik für Materialforschung und Biotechnologie vorgesehen gewesen. Diese Behauptungen hielten sich so hartnäckig, dass sie sogar in einem hochseriösen Fachbuch des Jahres 2005 unkommentiert übernommen wurden ([33], S. 159 u. 209).

Die Wahrheit war viel brisanter: Das Militär und die Sowjetregierungen vor Gorbatschow hatten als Reaktion auf Reagans »Krieg-der-Sterne«-Programm SDI ein eigenes Weltraumwaffen-Konzept entwickelt. Michail Gorbatschow, der im März 1985 an die Macht kam, hielt überhaupt nichts von diesem teuren, die Weltlage destabilisierenden Programm. Es gelang ihm allerdings damals noch nicht, das gesamte Weltraumwaffenprogramm gegen den Willen der mächtigen Militärs zu stoppen.

Heikel war das Thema auch deshalb, weil damals Verhandlungen mit den Amerikanern liefen. Gorbatschow trat dabei immer wieder für eine Waffenfreiheit des Weltraums ein. Im Oktober 1986 kam es beim Gipfeltreffen mit Ronald Reagan im isländischen Reykjavik beinahe zu einem dramatischen Durchbruch bei der Abrüstung der Atomraketenarsenale. Das Abkommen scheiterte letztlich daran, dass Reagan sich weigerte, sein SDI-Programm aufzugeben. Gorbatschow wusste bei diesen Verhandlungen natürlich, dass auch seine Militärs ein russisches SDI anstrebten. Die Sowjet-Militärführung bestand auf einen Testflug der geheimen Polyus-Nutzlast, die – ja, tatsächlich – aus dem sowjetischen »Krieg der Sterne«-Programm stammte [41, 43].

Die Wahrheit hinter »Polyus«

Mit beinahe 80 Tonnen Gewicht war Polyus der (mit Ausnahme der Raumfähren) schwerste jemals gestartete Satellit. Während Energia perfekt funktionierte, schob der Antriebsblock von Polyus anschließend in die »falsche« Richtung und beförderte das riesige Objekt auf den Grund des Pazifischen Ozeans.

In den 70er Jahren konzipierte die sowjetische Militärführung zwei Arten von »Weltraum-Kampfstationen«. Eine davon, »Skif« genannt, sollte im Kriegsfall »niedrig fliegende« US-Satelliten mit einem intensiven Laser-Strahl unbrauchbar machen – etwa durch die »Blendung« der Optik von US-Spionagesatelliten. Der andere Bautypus namens »Kaskad« würde Satelliten in hohen Umlaufbahnen mittels gelenkter Geschosse zerstören.

Die SKIF-Kampfstation sollte einen gewaltigen Bauteil zum Herstellen des Laserstrahls besitzen, dazu eine Art Kanone zur Verteidigung gegen angreifende Killersatelliten. Im mittleren Abschnitt wären manchen Quellen zufolge »nukleare Weltraum-Minen« installiert worden, also Atombomben, die fast ohne Vorwarnzeit direkt auf Städte des Gegners abgeworfen werden könnten [43]. Eine Beschichtung mit Stealth-artigen Eigenschaften sollte die Station für (gegnerische) Radarstrahlen schlecht sichtbar machen.

Für den Jungfernflug der Energia wurde unter Zeitdruck hastig ein Testmodell (»SKIF-DM«) gebaut, das keinen Laser an Bord hatte. Die spärlichen Informationen geben bis dato wenig Aufschluss über die wahren Hintergründe der ganzen Aktion. Anscheinend sollten verschiedene Systeme erprobt werden, unter anderem die Möglichkeit, mit einer künstlichen Bariumwolke den Partikelstrahl eines Killersatelliten abzuwehren.

Einige Informationen lieferte der Artikel »Unknown Polyus« (»Unbekanntes Polyus«) des russischen Raumstations-Konstrukteurs Juri Kornilow, der in der russischen Zeitschrift »Die Erde und das Universum« erschien. Der Autor bat darin die Leser, »zwischen den Zeilen zu lesen«, da er zehn Jahre Gefängnis absitzen müsse, wenn er »Staatsgeheimnisse« verrate.

Bemerkenswerterweise stand auf einer Seite des schwarzen Zylinders der Name »Polyus«, auf der anderen Seite war jedoch »MIR-2« aufgepinselt. Die verschiedenen Fachbücher sind sich über die Bedeutung dieser Aufschriften nicht einig. Entweder sollte die Bezeichnung »MIR-2« die militärische Natur des Zylinders verbergen. Oder aber man plante, die »Kampfstation« in einen zweiten MIR-Komplex einzubauen.

Wie viele Details die CIA und die US-Regierung 1987 über das Polyus-Objekt wussten, ist unklar, da sich die entsprechenden US-Dokumente immer noch unter Verschluss befinden. Letztlich scheiterte das Weltraumwaffenprogramm am Veto von Michail Gorbatschow. Wenige Tage vor dem Energia-Start war er im Raumfahrtzentrum Tyuratam zu Gast und betonte in einer Rede, er sei »kategorisch gegen eine Ausweitung des Wettrüstens in den Weltraum«. Noch vor dem Start der Energia verließ er das Kosmodrom. Ende 1987 endeten auf Gorbatschows Anweisung sämtliche Arbeiten am Skif-Weltraumlaser-Projekt.

November 1988: Der Buran-Flug – eine technische Meisterleistung!

Als die erste Energia-Rakete startete, ließen Radio Moskau und die Nachrichtenagentur TASS durchblicken, dass die Sowjetunion an einer Art russischem Space Shuttle arbeite. Im November 1988 war die zweite riesige Energia startbereit, diesmal trug sie eine unbemannte Buran-Raumfähre als Nutzlast. Die Wetterbedingungen an diesem 15. November 1988 waren schlecht, es gab Nieselregen, Wind und Temperaturen knapp über dem Nullpunkt. Wetterballons in großer Höhe zeigten wechselhafte Windböen, die bis zu 200 km/h erreichten [39]. Kurz vor dem Start warnten Meteorologen sogar vor drohendem Hagel! Erstaunlicherweise gaben die Verantwortlichen trotzdem grünes Licht für den Start! Die monumentale Energia stieg samt Buran donnernd in den Nachthimmel hinauf, und das erste russische Space Shuttle erreichte den Weltraum!

Buran führte einen dreistündigen Testflug durch und kehrte nach zwei Erdumkreisungen computergesteuert zur Erde zurück. Punktgenau landete sie auf einer Piste im Raumfahrtzentrum Tyuratam, trotz 61 km/h starkem Seitenwind nur drei Meter von der Mittellinie der Landebahn entfernt. Der ferngesteuerte Jungfernflug der 100 Tonnen schweren Buran war eine technische Meisterleistung.

Einen Monat später, am 21. Dezember 1988, kehrten die Kosmonauten Titow und Manarow nach einer 366-tägigen (!) Weltraumexpedition zur Erde zurück. Wladimir Titow hatte nach der missglückten Kopplung im Frühjahr 1983 und der Raketenexplosion im September 1983 nun endlich eine Langzeitexpedition durchführen können. Gemeinsam mit den beiden Russen landete ein französischer

Kosmonaut, der fast einen Monat lang in der MIR-Station geforscht hatte und sogar ins freie All ausgestiegen war. Die Zusammenarbeit mit westeuropäischen Staaten entwickelte sich immer besser, nicht zuletzt auf dem Gebiet der Planetenforschung. Seit dem Sommer 1988 flog eine tonnenschwere russische Raumsonde in Richtung Mars, um Landesonden auf dem Marsmond Phobos abzusetzen. Viele der wissenschaftlichen Instrumente an Bord waren in Zusammenarbeit mit westlichen Universitäten entwickelt worden.

In den Planungsabteilungen der russischen »NPO Energia« Raumfahrtwerke lag inzwischen ein kühnes Konzept für eine Expedition, bei der um die Jahrtausendwende vier Kosmonauten zum Mars fliegen sollten (»Projekt Mars 1986«) [43]. Doch alles kam ganz anders.

Umwälzungen nach dem Ende der Sowjetunion

Ende März 1989 scheiterte die unbemannte Phobos-Sonde, als der Funkkontakt kurz vor dem Erreichen des Marsmondes abbrach. Das Energia-Buran-Programm lief aufgrund der finanziellen Engpässe nur mehr auf Sparflamme und wurde einige Jahre später komplett eingestellt.

Lediglich der MIR-Orbitalkomplex mit seinen Forschungsmodulen überdauerte alle politischen Wirren und wirtschaftlichen Schwierigkeiten. Kosmonaut Sergej Krikaljow konnte vom All aus staunend mitverfolgen, wie die Sowjetunion zerfiel und seine Landung unvermutet im »Ausland«, nämlich im neugegründeten kasachischen Staat stattfand.

Das Original-Exemplar der Raumfähre, der Orbiter »Buran 1.01«, nahm ein trauriges Schicksal. Jahrelang wurde er gemeinsam mit einer startfertigen Energia-Rakete in einem gewaltigen Hangar des Tyuratam-Raumfahrtzentrums aufbewahrt. Im selben Hangar übrigens, wo einst die Mondrakete N1 zusammengebaut worden war. Am 12. Mai 2002 geschah dann die Katastrophe: Reparaturarbeiten und schwere Regenfälle führten zum Einsturz des riesigen Hallendaches. Sieben Arbeiter kamen ums Leben, und die historisch wertvolle Buran-Raumfähre wurde samt Energia-Rakete zertrümmert.

Erhalten geblieben ist hingegen ein Buran-Exemplar namens »OK-GLI«, das Flugzeugtriebwerke besitzt und zwischen 1985 und 1988 für Testflüge in der Atmosphäre verwendet wurde, unter anderem gesteuert von Igor Wolk. Ende der 90er Jahre wurde der Raumgleiter an eine australische Firma verkauft, die ihn im Jahr 2000 bei den Olympischen Spielen in Sydney präsentierte. Nach dem Konkurs der Firma scheiterte eine Versteigerung, und das graffitibeschmierte Raumschiff gelangte auf die Insel Bahrain im Persischen Golf. Wegen eines Rechtsstreits des Herstellerwerks mit einer obskuren Firma, die aus dem Orbiter eine thailändische Touristenattraktion machen wollte, saß dieser jahrelang auf einem Schrottplatz fest. Deutsche Journalisten, die vom Formel-1-Grand-Prix in Bahrain berichten wollten, entdeckten die Raumfähre zufällig, und als Folge einer TV-Reportage kaufte das deutsche »Sinsheim Auto & Technik Museum« die Raumfähre. Im Frühjahr 2008 begann der lange Transport per Schiff, im April fuhr die Buran dann auf einem Lastkahn den Rhein hinauf bis Speyer, wo sie nun der Star des »Technik Museums Speyer« ist.

Abbildung 31: Ein Testmodell der Raumfähre Buran steht noch heute am Kosmodrom Tyuratam. (Foto von 2001)

Abbildung 32: Die »echte« Raumfähre Buran wurde, montiert auf einer riesigen »Antonow-225«, im Jahr 1989 auf der Flugschau in Le Bourget bei Paris gezeigt.

7 Ausblick

Sind bemannte Flüge sinnvoll?

Die Geschichte der russischen bemannten Raumfahrt zeigt in drastischer Weise die anfängliche Verknüpfung der Weltraumflüge mit militärischen Programmen: Um an große Geldsummen zu gelangen, gingen die russischen Raumfahrtplaner ähnlich wie ihre amerikanischen Kollegen unheilvolle Symbiosen mit den Militärs ein. Erst nach vielen Jahrzehnten gelang eine weitgehende Loslösung von kosmischen Waffen- und Spionageprogrammen, vor allem deshalb, weil die Militärs ihr Interesse an aufwändigen bemannten Flügen verloren.

Besonders deutlich war dieser Paradigmenwechsel beim russischen Modul »Spektr« sichtbar, das Anfang Juni 1995 an die MIR-Station ankoppelte. In den frühen 80er Jahren als militärisches Labor für Spionage und Weltraumwaffen-Forschung geplant, blieb es nach dem Zerfall der Sowjetunion in den Hallen der Tschelomei-Raumschifffabrik liegen und wurde später in ein internationales Weltraumlabor umgebaut, das der Erforschung der Atmosphäre (Ozonschicht!), der Wolkenhülle, der Erdoberfläche und der interstellaren Gase diente. Viele der Forschungsgeräte stammten von amerikanischen Universitäten, also vom einstigen »Feind«.

Heute stellen die bemannten Programme eine Mischung aus angewandter Forschung, Prestige-Missionen und Exploration dar, wobei unter dem dritten Aspekt das Vordringen von Menschen in neue Regionen zu verstehen ist. Jahrelang gab es in dieser Hinsicht einen weitgehenden Stillstand, mit den geplanten Flügen zum Mond oder zu Asteroiden könnte diese Facette der Raumfahrt eine neue Blüte erreichen.

Rein privatwirtschaftlich gesehen, rechnen sich bemannte Weltraumflüge fast nie. In der Zukunft könnte sich das vielleicht ändern, sofern die Startkosten sinken. Einige private Initiativen bereiten derzeit schon kommerzielle Flüge vor. Die meisten von ihnen (z. B. Richard Branson mit SpaceShipTwo) planen lediglich Parabelflüge ins All, die nur wenige Minuten Schwerelosigkeit bieten. Anders hingegen der medienscheue, steinreiche US-Milliardär Robert Bigelow. Nach den Plänen seiner Raumfahrt-Firma sollen zahlungskräftige »Touristen« im kommenden Jahrzehnt in aufblasbaren Raumstationsmodulen tage- und wochenlang im All fliegen können. Erste unbemannte Testmodule kreisen bereits um die Erde.

In einer simplen Kosten-Nutzen-Bilanz mag der Aufenthalt von Menschen im All wenig sinnvoll erscheinen (ganz im Gegensatz zu unbemannten Missionen, deren Nutzen außer Zweifel steht). Die ungeheuren indirekten Auswirkungen bemannter Flüge werden jedoch meist übersehen. Die Raumfahrt zeigt, wie schön und verletzlich unsere Biosphäre ist. Sie ermöglicht uns den Blick auf eine Erde, auf der keinerlei Grenzen sichtbar sind. Auf einen Planeten, wo Umweltprobleme gemeinsam gelöst werden müssen, und wo es nicht zielführend sein wird, wenn sich die reichen Länder gegen die armen Regionen durch Mauern oder Grenzzäune abschotten, anstatt Geld und Knowhow darauf zu verwenden, dass die Lebensqualität auch in diesen Gebieten verbessert wird. Der Blick vom Weltraum auf die Erde zeigt uns die Verschmutzungen, die Probleme, aber er zeigt uns auch die Schönheit der Erde inmitten eines unheimlichen und rätselhaften Kosmos mit seltsamen, unbewohnbaren Welteninseln, die einsam durchs All rasen.

Der Blick auf die Erde macht uns klar, dass wir diesen Planeten und seine Lebenswelten bewahren müssen, da wir nirgendwohin flüchten können. Filmaufnahmen und Erzählungen von Astronauten vermitteln all dies weitaus eindringlicher als hunderte beschriebene Buchseiten.

Raumflüge wecken in vielen Menschen, auch und vor allem in Kindern und Jugendlichen, das Interesse am Universum, an unserer Erde, und ganz generell an Naturwissenschaften und der Technik. Die Erlebnisse von Menschen dort draußen im All steigern die Faszination, die von der Wissenschaft ausgeht. Wenn wir uns als winzige »Ameisen« auf einem kleinen Planeten inmitten eines gewaltigen Universums erleben, gewinnen wir vielleicht jene heilsame Demut wieder, die manchen von uns verloren gegangen ist.

Wissenschaft ist zuerst einmal Staunen über unsere merkwürdige Welt. Sie sollte von Begeisterung, Neugier und ethischen Grundsätzen getragen sein und nicht primär daran gemessen werden, ob sie der Wirtschaft einen finanziellen Nutzen bringt. Wobei es natürlich eine gewaltige Menge an Spin-Offs, an »Nebenprodukten« der Raumfahrt gibt, vor allem im medizinischen Bereich. Diese Spin-Offs reichen nicht als Rechtfertigung der Raumfahrt, sie spielen aber eine größere Rolle, als die meisten Menschen vermuten.

Übrigens: Christoph Kolumbus versprach den misstrauischen Königshäusern von Portugal und Spanien riesige Mengen an wertvollen Metallen, die er von den Ländern jenseits des großen Ozeans herbeischaffen würde, wenn man ihm seine Reisen finanzierte. Seine Versprechungen erwiesen sich als haltlos, aber er entdeckte weit draußen im Ozean eine faszinierende Neue Welt voller Naturwunder. Auch in der bemannten Raumfahrt lösten sich viele große Erwartungen in Luft auf, etwa wöchentliche Space-Shuttle-Starts und Halbleiter- und Proteinfabriken im All. Stattdessen begegneten die bemannten und unbemannten Expeditionen jedoch seltsamen Phänomenen und neuen Welten im Universum, die uns wohl noch jahrhundertelang beschäftigen werden.

Stimmt der Weg?

Medienberichte sind oft wenig geeignet, den Erfolg einer Sache zu beurteilen. Dinosaurier beispielsweise werden in anthropozentrischer Arroganz oft als »Sackgasse« der Evolution bezeichnet.

Tatsächlich blühten die verschiedenen Zweige dieser extrem erfolgreichen Tiergruppe mehr als 160 Millionen Jahre lang, während die Gattung Homo gerade einmal rund 2 Millionen Jahre und Homo sapiens etwa 0,2 Millionen Jahre lang existiert. Ähnliche Mythen betreffen die Raumstation MIR, die eine sagenhafte Erfolgsgeschichte der russischen Raumfahrt darstellt, in den Medien jedoch fälschlicherweise nur mit Pannen und Defekten in Verbindung gebracht wurde.

Welche Schlüsse können wir abseits dieser Klischees aus den Raumfahrtprogrammen in Ost und West ziehen? Tatsächlich gibt es bei Russen und Amerikanern Defizite in der Infrastruktur: Die Russen haben in ihren kleinen

Sojus-Landekapseln kaum Möglichkeiten, Forschungsmaterial zur Erde mitzunehmen. Nach dem Einmotten der US-Raumfähren wird dies ein gravierendes Problem für die ISS-Forschung darstellen. Es fehlt also ein (eventuell unbemanntes) Vehikel, das Frachten vom All zur Erde transportieren kann.

Die US-Raumfähren wiederum sind ebenso wie die einstige russische Buran extrem überdimensioniert. Mit rund 100 Tonnen ist jedes Shuttle rund fünfmal so schwer wie eine Saljut-Raumstation. Die gesamte Shuttle-Startkombi-

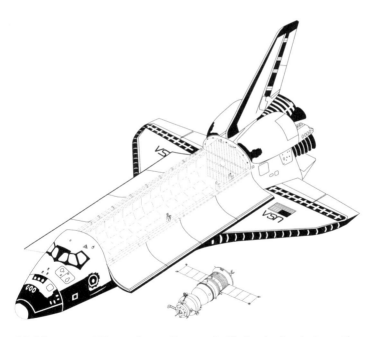

Abbildung 33: Kleine Sojus-Raumschiffe (rechts) arbeiten ökonomischer als die riesigen Raumfähren (links) der NASA. (Maßstabsgetreu)

nation mit Treibstofftank und Zusatzraketen wiegt sogar ungeheure 2000 Tonnen. Die Raumfähren in West und Ost wurden – und das ist kaum bekannt – deshalb so groß konzipiert, weil die Militärs im Frachtraum Platz für übergroße Spionagesatelliten haben wollten. Nun ist es wenig effizient, für jeden Crew-Transport 2.000 Tonnen zu starten und 100 Tonnen Metall ins All zu heben. Eine Arbeitsteilung in große unbemannte (vergleichsweise »billige«) Frachtraketen und kleine Kosmonauten-Schiffe, wie sie in Russland mit Sojus, Proton und Energia angestrebt wurde, gilt als wesentlich effizienter. Auch die NASA wird künftig einen ähnlichen Weg einschlagen, indem Astronauten mit mittelgroßen Orion-Kapseln starten, während Frachten von der mächtigen Ares-5-Rakete ins All getragen werden sollen.

Was kostet die Raumfahrt?

Viele Menschen halten Raumflüge für Geldverschwendung. Um die zweifellos hohen Geldbeträge in die richtige Relation zu setzen, liste ich im Folgenden grobe Abschätzungen für die Kosten einiger Programme auf und stelle sie in Relation zu den Militärausgaben. Man möge mir verzeihen, wenn nicht alle Werte präzise sind, da vor allem die Deutung der russischen Budget-Zahlen schwierig war. Beispielsweise sind viele Ausgaben für russische Atomwaffen nicht im »Militärbudget«, sondern im »Forschungsbudget« aufgelistet.

Russland hat derzeit ungefähr 142 Millionen Einwohner. Pro Jahr gibt jeder Russe etwa 6 bis 7 US-Dollar für sein Weltraumprogramm aus. Für das Militärbudget muss jeder

Russe jährlich unfreiwillig über 350 Dollar zahlen (noch ohne die Berücksichtigung der erwähnten Atomwaffen-»Forschungsgelder«)!

Schauen wir zum Vergleich in die USA. Die Vereinigten Staaten zählen etwa 305 Millionen Einwohner. Jeder Amerikaner gibt derzeit pro Jahr die ungeheure Summe von etwa 2600 bis 3000 Dollar für das Militär aus. Eingerechnet sind die jährlichen Gelder für das Verteidigungsministerium, für Atomwaffen, für die Kriege im Irak und in Afghanistan, und ein ungefährer Wert für das »schwarze Budget«, also für militärische Geheimprogramme, von deren Kosten die Öffentlichkeit nichts Genaues erfährt.

Für das gesamte NASA-Weltraumprogramm (bemannt und unbemannt) gibt jeder Amerikaner jährlich etwa 60 bis 70 Dollar aus. Davon entfallen derzeit ca. 19 Dollar auf die bemannten Programme (Space Shuttle und NASA-Teil der Raumstation ISS). Weltraumwissenschaften inklusive aller unbemannter Raumsonden zum Mars, zu anderen Planeten, Weltraumteleskope, Erdbeobachtung, etc. kosten jeden Amerikaner 14,5 Dollar im Jahr; die Vorarbeiten für die neue Ares-Rakete und das neue Raumschiff Orion belaufen sich auf 11,5 Dollar pro Person und Jahr.

Angesichts der steigenden Kosten der bemannten Programme gibt es zuweilen Kürzungen bei Planetensonden. Das für 2011 geplante Marsauto »Mars Science Lab« leidet nach Medienberichten unter einer »bedenklichen Kostenexplosion«. Wenn wir es umrechnen: Die Gesamtkosten (!) dieser faszinierenden Mission (also alle Bau- und Betriebsjahre zusammengerechnet) stiegen von 5 auf 8 Dollar pro Amerikaner.

Space-Shuttle-Flüge gelten als weitaus teurer. Die Kosten eines einzelnen Fluges sind allerdings schwer anzugeben: Wenn man den Preis eines »zusätzlich eingeschobenen« Starts betrachtet, kostet eine Raumfähren-Mission etwa 0,2 Dollar pro Amerikaner (kein Rechenfehler! 60 Mio. Dollar dividiert durch 305 Mio. Einwohner). Wenn man die gesamten Entwicklungs- und Betriebskosten des Space-Shuttle-Programms auf alle Missionen »aufteilt«, wird jeder Flug wesentlich teurer. Dann kostet ein Flug etwa 4 bis 5 Dollar pro Person (1,3 Milliarden Dollar).

Kaum bekannt ist übrigens, dass die Ausgaben des US-Verteidigungsministeriums für militärische Weltraumaktivitäten (!) größer sind als das gesamte NASA-Budget: Sie werden 2009 mehr als 700 Dollar pro Amerikaner betragen.

Viele Leute argumentieren, es sei unmoralisch, Flüge von Menschen in den Weltraum zu finanzieren, wenn es auf der Erde Menschen gibt, die hungern und unter menschenunwürdigen Bedingungen leben. Natürlich ist da etwas Wahres dran. Es mangelt jedoch keineswegs an Geld oder Ressourcen, um sowohl ökologische und soziale Probleme effektiv zu lösen als auch der Sehnsucht des Menschen nach dem geheimnisvollen »Land hinter dem Horizont« nachzugeben.

Eine Reduktion der wahnwitzigen weltweiten Militärausgaben um 20 oder 30 Prozent würde ungeheure Gelder freimachen. Selbst wenn der Großteil für soziale, humanitäre und ökologische Zwecke gewidmet würde, könnte mit wenigen Prozent davon locker ein starkes unbemanntes Raumforschungsprogramm finanziert werden, und – wenn die Gesellschaft es wünscht – auch ein bemanntes Expeditionsprogramm zum Mond oder Mars.

Letztlich muss jede Gesellschaft selbst entscheiden, ob sie den Wunsch hat, Menschen und Raumsonden in die

Weiten des Alls hinauszuschicken. »Bemannte und unbemannte Raumfahrt sollten keine gegenseitige Konkurrenz darstellen, sondern an einem gemeinsamen Strang ziehen, da sie einander ausgezeichnet ergänzen können!«, sagte mir der Direktor des in Wien angesiedelten »European Space Policy Institute« (ESPI), Dr. Kai-Uwe Schrogl, vor einigen Monaten in einem Gespräch.

Aufbruch zu neuen Zielen

Kurz nach dem Erscheinen dieses Buches wird erstmals eine 6-köpfige Stammbesatzung in einer Raumstation arbeiten. Russen, Amerikaner, Europäer, Japaner und Kanadier werden gemeinsam die vielen Forschungsapparaturen in der Internationalen Raumstation »ISS« in Vollbetrieb nehmen. Das Szenario erinnert an die Erforschung der Antarktis: Auch dort folgte nach den ersten Vorstößen zum Südpol die Errichtung einer kleinen Forschungsstation.

Die Wurzeln der Internationalen Raumstation liegen in jenen Pionierjahren, von denen das vorliegende Buch erzählt. Wohin die kommenden Jahrzehnte führen, wird die Zukunft zeigen: Vielleicht werden neue Raumfahrer ihre Stiefelabdrücke im grauen Mondstaub hinterlassen und sich den großen Rätseln des Mondes widmen: der sekundenschnellen Entstehung der Mondgebirge, den geheimnisvollen Leuchterscheinungen, dem Kometeneis im Inneren von ewig dunklen Kratern, und wohl auch der Suche nach Meteoriten, die von fremden Himmelskörpern stammen, vielleicht sogar von der frühen Erde, als dort das erste Leben entstand.

Vielleicht werden Astronauten in einigen Jahrzehnten

auch den eiskalten, roten Marssand betreten und den ersten menschlichen Fußabdruck in dieser fernen, seltsamen Welt hinterlassen, um, unterstützt von ferngesteuertem Gerät, die Geheimnisse des Mars zu erforschen: z. B. die riesigen, tornadoartigen Staubwirbel und die planetenweiten Staubstürme; die im Gestein »eingefrorenen« Spuren eines ehemaligen Magnetfeldes; die undeutlichen Hinweise auf einen riesigen Wasserozean am Mars vor vielen Milliarden Jahren; das 4000 Kilometer lange Canyonsystem der Valles Marineris, dessen Sedimentschichten über die Vergangenheit des Mars erzählen könnten; die jüngst entdeckten großen Höhlen am Mars und die Entstehung der ungeheuren Mars-Vulkane, deren größter 27.000 Meter in die Höhe ragt; und vor allem den Ursprung der »Gullies«, jener Stellen an steilen Kraterwänden, wo möglicherweise flüssiges Wasser aus unterirdischen Wasserschichten austritt. Vielleicht stoßen die Astronauten dort, tief im Marsgestein, sogar auf Mikroben, auf fremde Lebensformen.

Bemannte Flüge zum Mond und Mars sind also keineswegs bloß teure Prestige-Spielereien ohne wissenschaftlichen Wert.

Zweifellos wird es auch kommerzielle Tourismusflüge geben, allerdings wohl nur für Millionäre. Vielleicht werden dabei zwei Konzepte der sowjetischen Raumfahrt sogar wie ein Phönix aus der Asche wiedererstehen: Eine private Weltraumfirma namens »Excalibur Almaz« will das Konzept der Almaz-Raumstationen und der VA-Kosmonautenkapseln in modernisierter Form reaktivieren und für Touristenflüge nutzen. Ob das Projekt realisiert wird, ist allerdings noch sehr fraglich. Die US-Firma »Space Adventures« wiederum denkt sogar darüber nach, in Zusammenarbeit mit russischen Raumfahrtkonzernen Sojus-

Schiffe für einen Mondflug umzurüsten. Zahlungskräftige Weltraumtouristen könnten dann in einer Schleifenbahn über der Rückseite des Erdtrabanten fliegen, ähnlich wie es 1969 mit den Zond-Raumschiffen geplant war.

Endlich wird dann auch ein russisches bemanntes Raumschiff über der zerklüfteten Kraterlandschaft des Mondes schweben, Jahrzehnte später als geplant. Im Rückblick der Jahrhunderte wird diese Verzögerung jedoch nur wie ein kurzer Augenblick wirken.

Abbildung 34: Bis heute bewähren sich die Sojus-Raketen bestens: Im Oktober 2008 brachte eine Diesellok das Raumschiff »Sojus TMA-13« samt Rakete zur Startrampe.

Abbildung 35: Astronaut Greg Chamitoff blickt durch ein Fenster der Internationalen Raumstation ISS (Kibo-Modul) auf Erde und Weltraum. (November 2008)

Anhang

Register

Personenregister

Abrahamson, James, 111
Aldrin, Edwin, 101, 106
Andropow, Juri, 171, 188
Armstrong, Neil, 101, 106, 109
Artjuchin, Juri, 122, 125
Bamfort, James, 109
Beljajew, Pawel, 49–64
Beregowoi, Georgi, 89, 90
Beresowoj, Anatoli, 163
Bigelow, Robert, 198
Bobko, Karol, 111
Branson, Richard, 198
Breschnew, Leonid, 54, 78, 141
Braun, Wernher von, 37, 108
Bykowski, Waleri, 81, 153–158
Chrunow, Jewgeni, 81, 92

Chruschtschow, Nikita, 30, 72
Chruschtschow, Sergej, 72
Collins, Michael, 64
Crippen, Robert, 111
Dobrokwaschina, Jelena, 176
Dornberger, Walter, 108
Dschanibekow, Wladimir, 172f, 178–185
Feoktistow, Konstantin, 64
Foing, Bernard, 66
Fullerton, Gordon, 111
Gagarin, Juri, 15, 34–42, 49f, 56, 61, 63, 72, 171
Gluschko, Walentin, 134, 141–144, 176
Gorbatko, Wiktor, 126f
Gorbatschow, Michail, 185, 190, 192
Gretschko, Andrej, 134
Gretschko, Georgi, 185

Gürragtschaa, Dschügderdemidiin, 152
Hartsfield, Henry, 111
Herres, Robert, 111
Herrschel, William, 70
Hitler, Adolf, 7, 107f
Iljuschin, Sergej, 35
Iljuschin, Wladimir, 35
Iwanowa, Jekaterina, 176
Jähn, Sigmund, 152–158
Jelissejew, Alexej, 81
Kamanin, Nikolai, 31, 37, 74, 81f, 89f
Keldysch, Mstislaw, 37, 143
Kennedy, John F., 72
Klimuk, Pjotr, 177
Komarow, Wladimir, 81–83
Koptew, Juri, 139
Koroljow, Sergej, 29, 34, 36f, 48, 50f, 61, 63, 72, 112, 137, 185, 187
Kowaljonok, Wladimir, 156
Kraft, Chris, 32f
Kranz, Gene, 32
Lasarew, Wassili, 16–21
Lebedew, Walentin, 163

Leonow, Alexej, 16, 31, 48–61, 65, 87, 90, 97, 155
Litwinenko, Alexander, 98
Lovell, Sir Bernhard, 87f
Makarow, Oleg, 16–20, 90
Mischin, Wassili, 76, 87, 141, 143
Manarow, Mussa, 193
Nedelin, Mitrofan, 30f
Neljubow, Grigori, 36
Overmyer, Robert, 111
Pazajew, Wiktor, 113, 116
Perot, Ross, 166
Pesavento, Peter, 64, 97, 105
Peterson, Donald, 111
Petrow, Stanislaw, 166f
Poljatschenko, Wladimir, 120, 125f
Popowitsch, Pawel, 122, 125
Powers, Gary, 26f, 42
Reagan, Ronald, 111, 166, 188, 190
Reiter, Thomas, 36
Romanow, Waleri, 125
Roschdestwenski, Waleri, 128–133

Sagdejew, Roald, 143
Sänger, Eugen, 107f
Sawinych, Wiktor, 178–185
Sawitskaja, Swetlana, 163, 172f
Schatalow, Wladimir, 129
Schrogl, Kai-Uwe, 10, 205
Scott, David, 64
Stalin, Josef, 108
Strekalow, Gennadi, 167–171
Sudow, Wjatscheslaw, 128–133
Tamayo Mendez, Arnaldo, 151
Tereschkowa, Walentina, 163
Titow, German, 36f, 43–47
Titow, Wladimir, 167–171, 193
Tschelomei, Wladimir, 72, 79, 112, 134f, 165, 187, 197
Tuan, Pham, 151
Truly, Richard, 111
Ustinow, Dimitri, 134f
Wolk, Igor, 172f, 175, 195
Wolynow, Boris, 93f
Yangel, Michail, 29
Ziołkowski, Konstantin, 23f

Sachregister

5NM (Marssondenprojekt), 140f, 144
Aerojet-General (US-Firma), 143
Almaz (Spionage-Raumstation), 15, 109, 112, 119–127, 128, 134–136, 140, 159, 187, 206
»Amerika-Bomber«, 108
»Antipoden-Bomber«, 108
Antonow (Flugzeug), 89, 196
Apollo, 32, 64f, 77, 90f, 100f, 104f, 121, 140, 150
Ares (Rakete), 202f
Atlas (Rakete), 144
Atombomben, 29, 75, 78, 103, 105, 107, 109, 166, 191
Block-D (Raketenstufe), 73, 79, 86, 95, 103
Buran (Raumfähre), 144, 173–176, 193–196, 201

Challenger (Space Shuttle), 186
CIA, 25–27, 64, 90, 97, 101, 122, 171, 175, 192
Corona (Spionage-Satelliten), 26, 31
Discoverer (Spionage-Satelliten), 26, 31
Doppler-Verschiebung, 87, 103
DOS (Raumstation), 112, 119, 122–124, 127, 188
Dritter Weltkrieg, 166f
Dyna-Soar (Raumgleiter), 108f
Eagle (Mondfähre), 101
Energia (Rakete), 143f, 173–175, 188–195, 202
ESPI (European Space Policy Institute), 10, 205
Excalibur Almaz (Firma), 206
Gammastrahlen, 116, 147
Gas-Chromatograph, 149
Gemini (Raumkapsel), 47f, 110, 121
Groza (Experiment), 150

Gullies (Marsformation), 206
Gyroskop-System, 125
Halbleiterkristalle, 162, 174, 200
Hunde, 28f, 58
Huygens (Titan-Sonde), 150
Infrarot, 115, 159
Interferone, 162f
Interkontinental-Raketen, 30, 47, 78, 109, 120, 166, 190
ISS (Raumstation), 13, 14f, 187f, 201, 203, 205, 208
IVS (Radioteleskopprojekt), 174
Kalter Krieg, 166f
Kaskad (Weltraumkampfstation), 191
Keyhole (Spionagesatelliten), 26, 120
KGB, 27, 40
Killersatelliten, 120, 191f
Kometen, 67f, 163, 205
Korabl-Sputnik, 27
Korona (der Sonne), 128
Kosmos 133 (Raumschiff), 74ff

Kosmos 140 (Raumschiff), 77f, 83
Kosmos 146 (Mondschiff), 79f
Kosmos 186 (Raumschiff), 84
Kosmos 188 (Raumschiff), 84
Kosmos 379 (Mondlander), 139
Kosmos 398 (Mondlander), 139
Kosmos 434 (Mondlander), 139
Kosmos 496 (Raumschiff), 119
Kosmos 557 (Raumstation), 123f
Kosmos 1267 (Frachtmodul), 159
Kosmos 1443 (Frachtmodul), 164f
Kosmos 1686 (Frachtmodul), 186
L-1 (Mondflug-Programm), 72, 92
L-3 (Mondlande-Programm), 73, 92
L-3M (Mondbasis-Programm), 140

Lacrosse-Onyx (US-Radarsatellit), 135
LK (Mondlandefähre), 65, 71, 73, 95
LOK-Sojus (Raumschiff), 71, 73, 95, 141
Luna (Mondsonden), 101–105, 185
Lunar Transient Phenomenon, 70
Lunochod (Mondauto), 73, 95, 97, 141
Magnetfeld, 128, 156, 162, 206
Mariner (Raumsonden), 100
Marsauto, 138f, 203
Mars Science Lab (Marssonde), 203
»Mars« (sowjet. Raumsonden), 29, 99f, 138–141, 194
Mercury (Raumkapsel), 25, 32f
Ministerium für Allgemeinen Maschinenbau, 112
Ministerium für Mittleren Maschinenbau, 112
MIR (Raumstation), 12f, 117, 159, 175f, 178, 185–188, 194, 197, 200

MIR-2 (Raumstationsprojekt), 188, 192
MOL (Manned Orbiting Laboratory), 109–111, 120f
Mondauto, 70, 73, 97f
Mondlandung, 16, 32, 72f, 97, 100, 139
N1 (Mondrakete), 63f, 71, 73, 95–105, 117, 137–143
National Air & Space Museum, 166
Neutronensterne, 17, 116
NK-33 (Triebwerk), 142
NK-43 (Triebwerk), 142
NORAD (Militärzentrum), 35
NRO (National Reconnaissance Office), 110
Nudelman-Kanone, 120
Operation Paperclip, 108
OPS (Raumstation, siehe auch Almaz), 111f, 122, 128, 134, 136
Orion (Raumkapsel), 202f
Otolithen, 45, 115
Pathfinder (Marssonde), 139
Phoenix (Marssonde), 150
Polar Lander (Marssonde), 150
Polarlichter, 156
Polonium, 97f
Polyus (Prototyp Laserwaffe), 188–192
PrOP-M (Marsauto), 139
Progress (Frachtraumschiff), 184
Proton (Rakete), 72, 78–80, 84, 86, 95, 97–100, 103, 106, 119, 121–123, 144, 159, 202
Protuberanzen, 128
R-7 (Weltraumrakete), 25, 27, 29, 49, 73
R-16 (Atomrakete), 30
RD-170 (Triebwerk), 143
RD-180 (Triebwerk), 143
Redstone (Rakete), 32
Röntgenastronomie, etc., 17, 116, 159f
Saljut 1 (Raumstation), 112–117, 119
Saljut 2 (Spionagestation), 122, 124

Saljut 3 (Spionagestation), 124–127
Saljut 4 (Raumstation), 16, 22, 127f, 129
Saljut 5 (Spionagestation), 128
Saljut 6 (Raumstation), 151–157, 159
Saljut 7 (Raumstation), 160–186, 187
SAR-Radar, 134f
Saturn 5 (Mondrakete), 64, 71, 73, 121, 188
Schildkröten, 86–89
Schwarze Löcher, 17, 160
»Schwerelosigkeits-Eiszapfen«, 182
SDI (Strategic Defense Initiative), 111, 166, 174, 188, 190
»Silbervogel« (Raumgleiterkonzept), 107f
SKIF (Laser-Kampfstation), 191f
Skylab (Raumstation), 121
SNC-Meteoriten, 67
Sojus 1 (Raumschiff), 80–83
Sojus 3 (Raumschiff), 89f
Sojus 4 (Raumschiff), 92f
Sojus 5 (Raumschiff), 92–94
Sojus 11 (Raumschiff), 113–118
Sojus 18A (Raumschiff), 15–22
Sojus 23 (Raumschiff), 128–133
Space Adventures (Firma), 206
Spektograph, 115
Spektr (Raumstationsmodul), 197
Sputnik (Satellit), 25, 84, 107, 171, 185
Sputnik 4 (Satellit), 27
Sputnik 5 (Raumkapsel), 27
Sputnik 6 (Raumkapsel), 27
Sputnik 7 (Venussonde), 27
Sputnik 8 (Venussonde), 27
Sputnik 9 (Raumkapsel), 27f
Sputnik 10 (Raumkapsel), 27
Siderischer Tag, 148
Synodischer Tag, 148
Technik-Museum Speyer, 195
Titan (Rakete), 47
Titan (Saturnmond), 150

TKS (Frachtraumschiff), 121, 125, 134, 159, 161, 164f, 176, 186f
TMP (Weltraumfabrik), 174
U-2 (Spionage-Flugzeug), 26f
US Air Force, 26, 107–111
VA (Kosmonautenkapsel), 121, 134, 159, 161–165, 206
VEGA (Kometensonde), 177
Vela (Überwachungssatelliten), 116
Venera 7 (Venussonde), 138
Venera 9 (Venussonde), 146ff
Venera 11 (Venussonde), 145, 150f
Venera 12 (Venussonde), 150f
Venera 13 (Venussonde), 145
Vulkane, 69f, 147, 206

Weltraumkrankheit, 44ff
Weltraumtoilette, 45, 117
Woschod (Raumkapsel), 48–58
Wostok (Raumkapsel), 25, 27f, 35–42
Wostok 2 (Raumkapsel), 43–47
X-20, siehe Dyna Soar
Zarya (Raumstationsmodule), 112f, 187
»Zehn-Zentimeter-Flug«, 31–34
Zond (Mondschiff), 64, 71f, 79f, 83f
Zond 4, 85f
Zond 5, 86–89
Zond 6, 90f
Zvezda (Raumstationsmodul), 187f

Ortsregister

Altai, 15–22, 99, 128
Antarktis, 67, 88, 140, 205
Aral-See, 24, 77f
»Area 51«, 26
Berlin, 27, 146

Bermuda-Dreieck, 156
Bodø (Norwegen), 26
Bombay (Mumbay), 89
Cape Canaveral, 32, 47, 73, 110

Cheyenne Mountains, 35
Colorado, 35
Dayton, 111
Edwards AFB, 110
Erzgebirge, 107
Eupatoria, 87
Glienicker Brücke, 27
Gorno-Altaisk, 21
Guinea, Golf von, 85
Indischer Ozean, 88f, 91
Jodrell Bank (Radioantenne), 87, 101
Kitty Hawk, 23
Krim (Halbinsel), 53, 56, 87
Manitowoc, 28
Mond-Regionen:
    Imbrium-Becken, 69
    Mare Crisium, 106
    Mare Serenitatis, 97
Nevada, 26

New York, 78, 127, 165
Nowaja Semlja, 78
Pakistan, 26
Perm (Region), 57, 61
Peschawar, 26
Pressnitz (Přisecnice), 107
Reutte, 108
Saratow, 42
Semipalatinsk, 75
Sibirien, 20f, 29, 58f, 60f
Speyer, 195
Swerdlowsk, 26
Sydney, 195
Taschkent, 24
Tengiz-See, 130–133
Ural, 27, 57f
Washington, D. C., 46, 166
Westafrika, 44, 85, 172
Wien, 72, 146, 205
Wolga, 42, 53, 156

Abkürzungsverzeichnis

DOS: »Langzeitraumstationen« für zivile Forschung
ESPI: »European Space Policy Institute« in Wien
ISS: Internationale Raumstation
L-1: Programm für eine bemannte Mondumfliegung
L-3: Programm für eine bemannte Mondlandung
L-3M: Programm einer bemannten Mondbasis
LK (Lunij Korabl): Bemannte Mondlandefähre
LOK-Sojus: Sojusversion für den Flug zum Mond
5NM: Projekt einer Marsgestein-Rückholsonde
MIR 2: Raumstationskonzept, in die ISS integriert
MOL: »Manned Orbiting Laboratory«, US-Spionagestation, nie realisiert
N1: Große sowjetische Mondrakete
OPS: Programm für »Almaz«-Spionagestationen
SDI: »Strategic Defense Initiative«, US-Weltraumwaffenprogramm
SKIF: Nie realisierte Militärstation mit Laser-Bewaffnung
TKS: Frachtraumschiff, sollte später bemannt fliegen
VA: Kosmonautenkapsel für TKS-Frachter und Almaz-Raumstationen

Literatur und Quellen

(1) TROEBST C. C.: Der Griff nach dem Mond. Amerika und Russland im Kampf um den Weltraum. Econ-Verlag Düsseldorf 1959.

(2) GAGARIN J.: Der Weg in den Kosmos. Ein Bericht des ersten Kosmonauten der UdSSR. Verlag für Fremdsprachige Literatur, Moskau. (o. J., ca. 1961)

(3) MÜLLER P.: Nadelstich ins Weltall. Leopold Stocker Verlag, Graz 1963.

(4) KOCH R.: Raumfahrt – Tor zum Weltall. Tatsachen und Probleme am Beginn des Zeitalters der Weltraumfahrt. Donauland 1963.

(5) N. N.: Die sowjetische Weltraumforschung. APN-Verlag (o. J., ca. 1968)

(6) BÄRWOLF A.: Brennschluss. Rendezvous mit dem Mond. Ullstein 1969.

(7) MARQUART K.: Raumstationen. Die bemannte erdnahe Raumfahrt und ihre Zukunft. Urania Verlag, Leipzig 1981.

(8) N. N.: Vom Sputnik zu Saljut. 25 Jahre Raumfahrt. Verlag der Presseagentur Nowosti 1982.

(9) CHATSCHATURJANC L. & E. CHRUNOV: Der Weg zum Mars. Heyne Verlag 1982. (SF-Roman)

(10) N. N.: Zeitschrift »Sowjetunion Heute«, Hefte von 1982 bis 1990.

(11) JÄHN S.: Erlebnis Weltraum. Militärverlag der Deutschen Demokratischen Republik 1983.

(12) RADIO MOSKAU INTERNATIONAL. Tonbandmitschnitte von Nachrichtensendungen des englischen und deutschen Moskauer Kurzwellensenders aus den 80er Jahren.

(13) HERTENBERGER G.: Raumfahrt-Notizen ab 1984 (unpubliziert)

(14) PESAVENTO P.: Soviets to the Moon: The Untold Story. In: Astronomy Magazine 12/1984, AstroMedia 1984.

(15) GLUSCHKO W.: Die Sowjetische Raumfahrt: Fragen und Antworten. APN-Verlag, Moskau 1988.

(16) N. N.: Raumfahrt und Kommerz. APN-Verlag (o. J., ca. 1989)

(17) NEWKIRK D.: Almanac of Soviet Manned Space Flight. A revealing launch-by-launch account of the red star in orbit. Gulf Publishing 1990.

(18) RIEDLER W. u. a.: Austromir Handbuch. BMWF 1991.

(19) VIEHBÖCK F. & C. LOTHALLER: Austro Mir 91. Der österreichische Schritt ins Raumzeitalter. Edition Tau 1991.

(20) SAGDEEV R. Z.: The Making of a Soviet Scientist. My Adventures in Nuclear Fusion and Space from Stalin to Star Wars. John Wiley & Sons 1994.

(21) BURROUGH B.: Dragonfly. NASA and the Crisis Aboard Mir. Harper Collins 1998.

(22) DAY D. A., J. M. LOGSDON J. M. & B. LATELL (EDS.): Eye in the Sky. The Story of the Corona Spy Satellites. Smithsonian Institution Press 1998.

(23) GUGERELL A.: Von Gagarin zur Raumstation Mir. Eigenverlag 1998.
(24) CERNAN E. & DAVIS D.: The Last Man on the Moon. Astronaut Eugene Cernan and America's Race in Space. St. Martin's Griffin 1999.
(25) ZIMMERMAN R.: Genesis. The Story of Apollo 8. Dell Publishing 1999.
(26) GRÜNDER M.: SOS im All. Pannen, Probleme und Katastrophen der bemannten Raumfahrt. Schwarzkopf & Schwarzkopf Verlag 2000.
(27) GRÜNDER M.: Lexikon der bemannten Raumfahrt. Raketen, Raumfahrzeuge und Astronauten. Schwarzkopf & Schwarzkopf Verlag 2001.
(28) HALL R. & D. J. SHAYLER: The Rocket Men. Vostok & Voskhod, the First Soviet Manned Space Flights. Springer Praxis 2001.
(29) KRANZ G.: Failure is not an Option. Mission Control from Mercury to Apollo 13 and beyond. Berkley Books 2001.
(30) BAMFORD J.: NSA. Die Anatomie des mächtigsten Geheimdienstes der Welt. Bertelsmann 2001.
(31) RICHELSON J. T.: The Wizards of Langley. Inside the CIA's Directorate of Science and Technology. Westview 2002.
(32) HALL R. D. & D. J. SHAYLER: Soyuz. A Universal Spacecraft. Springer Praxis 2003.
(33) HARLAND D. M.: The Story of Space Station MIR. Springer Praxis 2005.

(34) Harvey B.: Russian Planetary Exploration: History, Development, Legacy and Prospects. Springer Praxis 2006.

(35) Scott D. & A. Leonow: Zwei Mann im Mond. Wie aus zwei Rivalen im Weltall Freunde fürs Leben wurden. Ullstein 2006.

(36) Semjonow J. P., Losino-Losinskij G. E., Lapygin W. L., Timtschenko W. a. u. a.: Buran – sowjetischer Raumgleiter. Maschinostroenie, Moskau 1995 bzw. Elbe-Dnjepr-Verlag 2006.

(37) Harvey B.: Soviet and Russian Lunar Exploration. Springer Praxis 2007.

(38) Baker Ph.: The Story of Manned Space Stations. An Introduction. Springer Praxis 2007.

(39) Hendrickx B. & B. Vis: Energiya-Buran. The Soviet Space Shuttle. Springer Praxis 2007.

TV-Sendungen

(40) »NOVA: Astrospies«: Doku des US-TV-Senders PBS, Februar 2008
http://www.pbs.org/wgbh/nova/transcripts/3503_astrospi.html

Internetseiten zum Thema

(41) Informationen: http://www.russianspaceweb.com/

(42) Informationen über Kosmonauten: http://www.spacefacts.de/

(43) Lexikon: http://www.astronautix.com/

(44) Fotodatenbank: http://www.spacephotos.ru/
(45) Informationen:
http://www.videocosmos.com/spaceinfo.shtm
(46) Raumfahrtkonzern Energia:
http://www.energia.ru/english/
(47) Raumfahrtkonzern Chrunitschew:
http://www.khrunichev.ru/main.php?lang=en
(48) Raumfahrt-News: http://www.raumfahrer.net/
(49) Erforschung geheimer Satelliten:
http://www.svengrahn.pp.se/
(50) Bücher:
http://www.praxis-publishing.co.uk/category.asp?cat=Space%20Exploration

Reiseveranstalter zum Kosmodrom Tyuratam

(51) http://www.rusadventures.com/

Auswahl von YouTube-Videos

Eine Sammlung von interessanten YouTube-Videos findet sich unter der Adresse
http://www.youtube.com/view_play_list?p=800625E3DF33CD64

Bildnachweis

Sergey Abramov (http://www.rusadventures.com):
Abb. 5, 13, 15, 17, 24, 29, 30

Joachim Becker (http://www.spacefacts.de):
Abb. 2, 12, 26, 27, 28

Reinhold Ewald / DLR (http://www.dlr.de): Abb. 1

Roland Speth (http://history.nasa.gov/alsj/speth.html): Abb. 18, 21, 22, 25, 31

RGANTD (Russian Scientific Research Center of Space Documentation, http://www.rgantd.ru):
Abb. 3, 4, 8, 14, 16

NASA (http://www.nasaimages.org): Abb. 9, 34, 35

Wikipedia (http://en.wikipedia.org): Abb. 6, 7, 10, 11, 19, 20, 23, 32, 33